A CAT'S TALE

喵皇正史

從史前到太空時代
魅力征服全世界的貓族大歷史

A Journey Through Feline History

Baba the Cat | Paul Koudounaris

虎斑貓芭芭／主述·出演 ｜ 保羅·庫德納瑞斯／執筆

莊安祺／譯

喵皇正史

從史前到太空時代，魅力征服全世界的貓族大歷史
A Cat's Tale: A Journey Through Feline History

作者	虎斑貓芭芭（Baba the Cat）；保羅‧庫德納瑞斯（Paul Koudounaris）
譯者	莊安祺
文字編輯	林芳妃
責任編輯	何維民
版權	吳玲緯
行銷	闕志勳 吳宇軒 余一霞
業務	李再星 李振東 陳美燕
副總編輯	何維民
編輯總監	劉麗真
發行人	涂玉雲
出版	麥田出版
	104台北市民生東路二段141號5樓
	電話：(886) 2-2500-7696 傳真：(886) 2-2500-1967
發行	英屬蓋曼群島商家庭傳媒股份有限公司城邦分公司
	104台北市民生東路二段141號11樓
	書虫客服服務專線：(886) 2-2500-7718、2500-7719
	24小時傳真服務：(886) 2-2500-1990、2500-1991
	服務時間：週一至週五09:30-12:00，13:30-17:00
	郵撥帳號：19863813 戶名：書虫股份有限公司
	讀者服務信箱E-mail：service@readingclub.com.tw
	麥田部落格：http://blog.pixnet.net/ryefield
	麥田出版Facebook：http://www.facebook.com/RyeField.Cite/
香港發行所	城邦（香港）出版集團有限公司
	香港灣仔駱克道193號東超商中心1樓
	電話：(852) 2508-6231
	傳真：(852) 2578-9337
馬新發行所	城邦（馬新）出版集團【Cite (M) Sdn Bhd.】
	41-3, Jalan Radin Anum, Bandar Baru Sri Petaling,
	57000 Kula Lumpur, Malaysia.
	電話：(603) 9056-3833
	傳真：(603) 9057-6622
	E-mail：service@cite.my
印刷	前進彩藝有限公司
電腦排版	黃雅藍
書封設計	兒日工作室
初版一刷	2023年9月 著作權所有，翻印必究（Printed in Taiwan）
	本書如有缺頁、破損、裝訂錯誤，請寄回更換

定價／599元
ISBN：978-626-310-522-5

國家圖書館出版品預行編目（CIP）資料

喵皇正史：從史前到太空時代，魅力征服全世界的貓族大歷史／虎斑
貓芭芭（Baba the Cat），保羅．庫德納瑞斯（Paul Koudounaris）著；
莊安祺譯. -- 初版. -- 臺北市：麥田出版：
英屬蓋曼群島商家庭傳媒股份有限公司城邦分公司發行, 2023.09
280面；15×21公分
譯自：A cat's tale : a journey through feline history
ISBN 978-626-310-522-5（平裝）

1. CST：貓　2. CST：歷史

437.36　　　　　　　　　　　　　　　　　　112011737

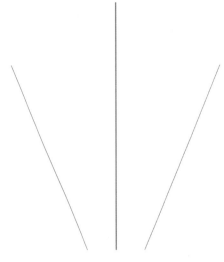

本書獻給所有不屈不撓

締造歷史的貓，

以及擁有智慧

不礙手礙腳，讓貓咪暢所欲為的人類。

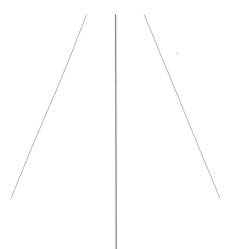

目次

邀請函
一隻博古通今學富五車的虎斑貓，邀請你們參加空前絕後的冒險

　　人類總愛說，要了解貓有多麼困難。這已證明是貴物種煩惱的問題，因此請容許我澄清一點：我們貓非常容易理解彼此，所以要是覺得在理解我們方面有任何困難，責任完全是在你們那方。還有，我老實說吧，人類自認為理應享有了解我們的特權，這未免也太自以為是了。

　　然而我必須承認，能有多一點的了解絕不是什麼壞事。從你們開始閱讀這幾頁，就已證明自己有值得稱道的意願和充分的好奇心，因此在下也樂於效勞，補充你們那點兒微薄的知識。而且我敢保證，如果你們要了解貓，問我準沒錯，因為在我們貓輩中，再沒有誰像我這麼深入的研究！

　　啊——但你們想要知道什麼呢？

　　或許你們想要我談談不同的品種，解釋一隻貓的毛色花紋怎麼會讓牠成為價值連城的獎牌得主，而另一隻貓身上的紋路卻讓牠只能在街頭流浪？或者，你們會要我細數卡通片

和電視節目中著名的貓？或甚至有些因網際網路而出名的貓，牠們譁眾取寵的噱頭受到數百萬人的喜愛，貓臉都印在了T恤上，要不要談談牠們？

人類對這些話題很感興趣，但這裡有個難題：如果這些就是你們想要了解的，那麼你們**並不是真的想了解貓**！談論這些只會暴露你們人類的心機，因為它們是人類的發明，貓對此毫無興趣。我們怎麼會在乎貓毛的光澤是否符合某本飼養手冊？我們根本不會這樣互相評判。同樣地，我們對卡通人物的言行舉止也不感興趣，那些角色只是用來表達笨拙的人性的工具，投射在貓身上，因而顯得滑稽。至於你們追捧的名流貓？牠們讓你們賺得盆滿缽盈，卻對貓咪處境的惡劣情況避而不談，牠們只是空洞的刻板印象，暗示我們這個物種存在的理由就是要可愛，作為人類娛樂的對象——任何有尊嚴的貓都不屑參與這種討論。

如果你們真想了解我們，就必須放下你們熟悉的主題，重溫我們的故事。這是起始於很久以前的傳奇故事，我們是大自然造物中驕傲的一員，在原始森林中逡巡漫遊，在這裡，人類的生活與野獸沒有什麼不同。在這個蜿蜒穿越數千年的故事中，你們在我們身上發現的愛和榮譽，以及英雄氣概，將與任何的已知物種一樣多。故事裡有許多了不起的名字，那些成就超群的貓，即使經歷了多少世紀，留下的爪印仍然歷歷在目。不要以為這其中沒有傷痛，因為我們的故事也細數了許多痛苦折磨和失落死亡。

「等一等，芭芭，貓的歷史？」你提這個問題，好像它是個奇怪的話題。你們這種生物實在是太自我中心，似乎把歷史完全當作是人類活動的產物。在你們的描述上，歷史只歸功於人類，其他物種的貢獻卻隻字不提，但若沒有牠們的幫助，你們肯定會一無所成。要我證明我的論點嗎？在談到亞歷山大大帝時，你們講述的是他最顯赫的勝利，那些震撼人心、汗牛充棟的豐功偉業。但有多少人對布西發拉斯（Bucephalus，亞歷山大的愛馬）致以同樣的敬意？

要是你們還記得這個名字，會以為牠只不過是服從偉人命令的駿馬。但我問你們，這「只不過是」的馬難道沒有載著亞歷山大南征北討，參與每一項大膽的壯舉，冒著生命危險風馳電掣投入戰鬥——然後在牠的人類夥伴性命攸關之際，以同樣的決心奔到安全的地方？時時彼此相依，刻刻相互分享，他們倆至少該算是合作夥伴。而且如果你們想把馬當成隨從，請問問自己，要是沒有布西發拉斯，亞歷山大會在哪裡？嗄？我來告訴你們他會在哪裡：他會被困在馬其頓，因為我認為他不可能靠自己一路走到印度，再從那裡赴埃及！

所以你們看，在塑造歷史的過程中，所有物種都出過一手、或一爪或一蹄之力，視情況而定。每一個物種都有自己過去的故事，它們毫無疑問全都息息相關。談到貓族和人類時，這更是斬釘截鐵的事實，因為我們之間的歷史聯繫就和其他任何物種之間的聯繫一樣親密。在文明的曙光乍現之時，我們站在你們的身邊，被你們的手舉起，放上眾神的寶座，我們從高處見證了你們最偉大的榮耀。我們與你們一起穿越時空，遷移到異國的土地。直到今天，我們仍然站在你們身邊。

儘管如此，我們的歷史之旅卻一直被人類忽視，我們最偉大的成就被看作微不足道。如今你們總把我們視為受你們的保護，沒有你們就會迷失的無助生物，這個觀點滑稽可笑，極其侮辱。當我們凝視窗外或衝向打開的大門，你們會低聲說：「別讓那隻可憐的貓出去！」依你們的看法，我們在外面的世界裡大概連一分鐘都活不了。真希望你們知道我們貓族曾經征服過什麼！說實話，我懷疑就連最堅強的人只怕也沒有一般流浪貓與生俱來的生存技能。

把我們當成溫馴小動物的人會在這些書頁中發現，這種想法該直截了當地消除。我將向你們介紹一些貓，不只是環遊世界，而且一路登上太空（還說什麼不要讓貓出去，嘎？）；在世界大戰中堅若磐石的貓，牠們在人類的軍隊中選定立場，並為自己掙得英勇的勳章；還有一些貓功名蓋世，贏得讚揚歌頌。唷，人們豎立了四尊雕像紀念舉世最知名航海貓的崔姆（Trim），牠在十八和十九世紀曾揚帆七海，有多少人類的英雄豪傑能比得上？

是的，朋友們，如果你們真的想了解貓，我們的故事將會顛覆你們的許多想法。如果你們認為我們自私，你們會在這些故事中發現許多我們忠誠的證據，證明貓願意為牠們所愛的人冒生命危險。如果你們認為我們懶惰，你們將被貓歷經艱險、跋山涉水的故事打臉。任何懷疑我們影響力的人都會發現，我們陪伴藝術、文學和政治界最知名的人物，激發了他們最偉大的成就——而且也經常捲入他們的種種事務。

同樣地，認為我們養尊處優的人會發現，我們承受了任何物種都從未遭逢的誣衊中傷。我現在就要警告你們，本書的內容絕非只有歡樂而已。追捧我們的手後來也會把我們拋落，讓我們摔進最絕望的深淵。我不會為了禮貌而隱藏我們悲傷和磨難的真相，而我也不相信你們自己不會受到這些故事的影響。但是我的同類很有彈性，最後我會告訴你們現代貓是如何徹底擊潰了厄運的明槍暗箭——這個勝利可能會迫使你們對坐在你們客廳裡的小貓咪作進一步的評估！

所以現在我必須問，在明白我預先警告的一切之後，你們是否仍然渴望了解我們貓族？你們願意追尋我們的路徑嗎？如果是，我就伸出我的爪子作為你們的嚮導。我們的故事將在你們面前展開，由我帶領你們穿越早已被遺忘的歲月。我們將航行在古老太陽下閃著金光的平靜水面，經過動蕩時代的岩岸，並穿越跨接到現代世界的洶湧波濤。一段偉大的旅程即將展開，出發的時刻逐步逼近。動身與否當然是你們的選擇，但你們已經走了這麼遠，所以我建議你們趕快行動，前往碼頭！只需翻過這一頁，我們就會落進最深的時間迷霧裡。

黃金時代
史前和古埃及的貓

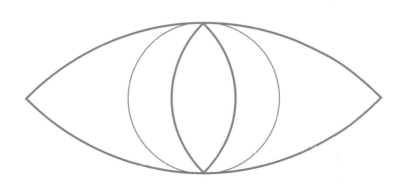

THE GOLDEN AGE: CATS IN PREHISTORY AND ANCIENT EGYPT

長久以來，我們貓族一直是人類的盟友，雖然你們將「人類最好的朋友」這個稱謂保留給狗，但我現在可以為你們提供理由，讓你們作出不同的判斷。其實考古證據顯示，貓陪伴你們的時間就算不比犬科動物長，至少也一樣長——或者說，貓與人之間的夥伴關係比貨幣更古老，比人類使用金屬更古老，甚至也比書面語言更久遠。它可以追溯到文明本身的基礎，我們可以合理地主張，如果沒有我們的幫助，你們的文明可能走不了多遠。人類的驕傲使你認為這是我老王賣瓜，但不妨想想你們偉大祖先對這件事的看法，他們非常感激有我們存在，因此相信我們是神祇的代表。朋友們，我們已經來到了光輝的歲月，人和貓一起從最卑微的起點前行，達到夢想不到的高度。

早期人類的貓科動物夥伴是非洲野貓（*Felis silvestris lybica*）的後代，這是在近東和北非常見的一種野貓，只比現代家貓稍大一點，黃褐色斑紋的毛皮。牠們是我們隔了很多代的老祖宗，不過外觀和像我這樣的虎斑貓沒有太大的差異。儘管我們家貓擁有許多優點，我卻不得不承認，拿我們與小菲力斯（*Felis*，貓的學名）相提並論，對牠來說是嚴重的貶損。牠的聰明和敏捷只有野貓才辦得到，而且牠還擁有遠遠超過牠體型的強大力量。你們人類偶爾看到貓捉蜥蜴就大驚小怪，殊不知菲力斯的技巧足以讓我們相形見絀。

但為什麼菲力斯不是兇猛而危險的獵人？經過了大約一千三百萬年的演化，這類貓已經能夠良好地適應環境，而我們家貓又號稱是牠的直系後裔，這使得人類成了我們的晚輩。相較之下，智人（*Homo sapiens*）只有區區三十萬年，所以如果我們時不時流露出目中無人的樣子，請原諒，但我們很清楚我們已然經過時間的考驗和精心打造。為了反駁你們普遍的一個誤解，我要告訴你們，大型貓科動物是在三百萬年前演化而來的，所以如果有人認為家貓是縮小的獅子或老虎，需要再想想。就貓科動物而言，是小型貓生了大型貓。

另一個你們可能需要重新考量的問題是：人類馴化了我們。抱歉，事實是我們馴化了自己。菲力斯不需要你們的幫助就能生存，而且牠可不是笨蛋，你們當然不可能欺騙或脅迫牠接受你的陪伴。相反地，是牠自己心甘情願進入你們的社區，而且牠發現貓族和人類之間可以存在互利的關係，牠才同意留下來。其實，與其用「馴化」這個詞，我比較想用「夥伴關係」。正如我在邀請函中提到的，這豈不是更接近事實？但是讓我把故事說給你們聽，看看你們是否同意。

當時正是史前時代末期的新石器時代，美索不達米亞的人類開始農耕，這個發展會帶來許多後果。一方面，它讓人類停止流浪，建立第一批城鎮和村莊。哦，如果你們能看到那些用爛泥和樹枝建造的小屋，你們的自尊心會多麼洩氣──哎，你們實際上就是住在大一點的河狸小屋裡呀！不過我對該讚美的還是要給予應有的讚美：你們的莊稼照顧得很好，穀物大豐收，不但改變了你們自己的演化路徑，還改變了你們周遭所有物種的演化路徑。

這些物種包括大鼠和小鼠，狡猾的傢伙，我們會在我們的故事中聽到很多牠們的惡行。在你們過量的穀物中覓食輕而易舉，因此牠們很快就開始受到吸引，來到你們的住處周遭。按照典型的人類方式，你們做事從不深思熟慮。你們雖然非常精明地種植莊稼，但卻沒有想過其他的動物也想要吃掉它們！由於沒有任何計畫，因此你們措手不及。這些貪婪的小壞蛋安靜、敏捷，你們的眼睛幾乎看不到牠們的動靜，牠們不但取走了牠們想要的，而且也經常破壞了其餘的穀物。

於是你們絕望了，不過並沒有持續太久──因為小菲力斯提供解決的辦法。如果你們不想要那些囓齒動物，牠很樂於為你們效勞。要知道，囓齒動物是牠重要的食物來源，而且獵物都集中在可預測的地點也是不容否認的好處，因此牠也開始聚集在你們的居處。當然，起先牠對你們非常警覺，而且公平地說，也不能怪牠。你不妨用貓的眼睛來看看自己。你們很大──甚至可以說是巨無霸！你們用兩隻腳到處移動，在比較靈巧的物種看來實在很笨拙，而且更討厭的是你們很吵。我雖然不至於說你們粗野，但你們必須承認，你們主宰周遭世界方面缺乏細膩的工夫。

但小菲力斯並不缺乏勇氣。牠膽敢接近你們的家尋找獵物，並且在這個過程中發現了一個額外的好處。你們為了自身的安全，一直在努力消除村外的大型危險哺乳動物，這為較小的掠食動物創造了安全的避風港。菲力斯發現這是可以繁衍生息的地方！在你們的勢力範圍內，牠成了頂級的獵人，幸運地擁有

充足的獵物，而來自大型動物的威脅則有限。當牠大量獵殺偷吃你們穀物的嚙齒動物時，貓與人就建立起共生關係的基礎了。

當然，即使彼此互惠互利，並不代表通往家庭的路能夠迅速或輕易成行。就如菲力斯對惡名昭彰難以捉摸的人類有所保留一樣，史前人類對牠一定也非常懷疑。你們偉大的老祖宗很清楚，雖然野貓身材很小，但牠們可是爪子和牙齒都很齊全。如果菲力斯能夠一掌就宰了一隻老鼠，牠對人類的手又會有什麼樣的危害？

雖然存在這樣的疑慮，雙方的關係仍然有了進展。畢竟你們最不希望的就是讓我們離開，以免嚙齒動物再度氾濫。所以如果我們很會獵殺，你們就開始為我們留下殘羹剩飯，確保我們會留在附近。經過特別處理的肉塊在史前的貓看來必然很奇怪，但話又說回來，它們味道不錯，而且如奇蹟般地出現，讓生活變得更輕鬆，所以菲力斯接受了這種供品。這個過程進行得太緩慢了，我猜雙方都沒有看出來，但人與貓變得越來越依賴對方。貓的感情當然得要慢慢贏得，在小菲力斯這個例子，可能需要數世紀的時間。但隨著關係發展越來越

親近，最後的結果是必然會發生的。

如果你容許一點浪漫的遐想，我揣測歷史性的突破應該是發生在伊拉克或敘利亞一個破落村莊的外緣，大約是在一萬年前。可能是午後的某個時刻，太陽高掛，曬暖了田地。我想像有個人朝外面的灌木叢望去，那裡是人類正式停步的範圍。這是他世界的邊界，在那之外就是荒野，正當他瞇著眼睛望向陰影時，卻看到好些明亮的眼睛也在凝視著他，它們無處不在，隱藏在灌木和樹枝中：數十隻眼睛，閃爍著綠色的光芒，形狀如杏仁。他認得這些眼睛，他和其他村民都見過它們無數次。這些眼睛屬於那些以掠奪莊稼的嚙齒類動物為食的動物。

接著突然一陣忙亂，在驚惶的奔跑中，眼睛消失了，就像這人以往瞥見它們時總會發生的一樣。但是這回有點不同。這一次……有一雙眼睛仍然留在那裡。這兩隻眼睛很大膽，既不退縮，也不放棄，在陰影中望著這個凝視著樹叢的人。這人彎下腰，蹲了下來。他從來沒有像現在這樣把那雙眼睛看得那麼清楚。恐懼與興奮交織，慢慢地，他攤開一隻手掌向前伸去，就在他面前，在他地盤的邊緣，小菲力斯站在那裡。啊，

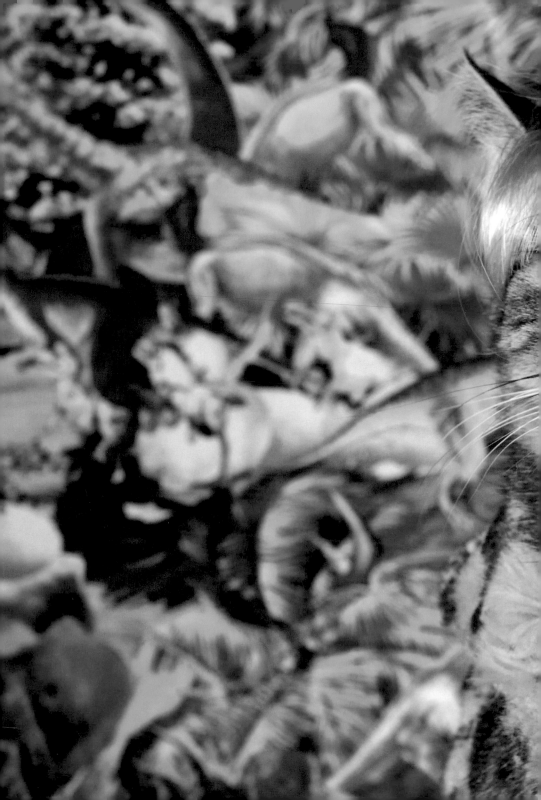

如果說人類對陰影裡的眼睛感到好奇，那麼菲力斯和牠的親族對這種矗立在田野之中的吵嘈大型生物又納悶了多少世代？而牠，同樣滿心恐懼和興奮，鼓起勇氣向前走，牠的身體從灌木叢中冒了出來。

那人的手掌現在往下降。徐徐地，緩緩地，哦，這麼緩慢——他知道那些爪子有多麼厲害，他可不想被它們攻擊。在這同時，菲力斯抬起了頭，那隻手輕輕地落在貓的兩耳之間。只觸摸了一下，然後手指刷過脖子，滑到背部。哦，一種新的感覺！男人的手因勞動而龜裂，長滿了老繭，現在他陶醉在柔軟舒適的毛皮所帶來的狂喜感受。而……夠了！菲力斯消失在陰影中，男人的手指只抓住了虛空。這兩個緊張的夥伴，彼此的相遇只不過是單純的一摸。結束得如此之快，僅僅是驚鴻一瞥。誰能想到這麼簡單的一個動作，竟會永遠改變兩個世界？

在遍布近東和北非的村莊裡，這樣的場景會一而再、再而三地上演。隨著小菲力斯不斷地回到灌木叢邊緣，牠的膽怯消散了，牠會稍微站出來一些，離陰影更遠一點。而當人回到他的田地邊緣，明白了那些爪子不會為了抓他而伸出來，他自己的膽怯也消散了，他的手停留得更久。接著他的親人也加入，觸摸變成了愛撫，最後變成了擁抱。終於，人邀請貓進入他的天地定居。而貓，牠習慣了男人的手和它提供的舒適感，不再計較自己的獨立天性。

由追逐老鼠而開始的過程，最後導致了兩個截然不同的物種看似不可能的結合，發生這種結合的地方，是在非洲北部的尼羅河沿岸。數千年來，從南方叢林深處湧來的奔騰流水一路匯集豐富的淤泥，將它帶向北方。起伏漲落的河水沿著四千英里的水徑流向地中海，它蜿蜒穿過撒哈拉沙漠，讓這片原本乾旱荒涼的土地在河岸邊不再荒蕪。沿著河徑沉積的淤泥，刻畫出一條鬱鬱蔥蔥的走廊，動植物可以在此茁壯成長。一群群流動的獵人和牧民發現了這座天堂，在這裡安居樂業。到西元前四千年，他們開始種植農作物，並形成永久的聚落，就像他們在近東的兄弟一樣。

我猜你知道這個故事的第二章：他們建立的村莊欣欣向榮，並且統一聯合成為埃及，屹立了三千年，成為舉世最偉大的文明。但那一章是一千年之後的事，而且我們很難預料如此偉大的文明有一個不吉利的開端。那些可憐的農夫！他們的土地肥沃，物產豐饒，但他們的糧倉卻有一種特別討厭的河鼠肆虐，他們無計可施。啊，誰能拯救他們呢？當然是我們的朋友菲力斯！小野貓也開始出現在這些城鎮的外緣，牠們獵殺可惡的尼羅河鼠輩，深受當地農民的喜愛。

這片新土地上形成的人貓聯繫特別

堅固，在所有認真看待我們的古代社會中，埃及人對我們的貢獻表達了最深切的感謝。我們與人類的夥伴關係也要求你們服務我們，就像我們服務你們一樣，但隨著時間的推移，那裡的人越來越直接地將勞役之責落在人類自己身上。對於在國家黎明之初忠心耿耿的貓族恩惠，埃及人永誌不忘，他們讓人與貓的命運交織在一起。當他們邁步走向文明的領先地位時，也要求我們並肩而行，而我們確實留在他們的身畔，隨著他們飛騰到人類成就的巔峰，我們也登上貓族文化的尖頂。

「為什麼會這樣，芭芭？」「貓對尼羅河沿岸的人們施展了什麼樣的魔咒？」毫無疑問，我們迷住了他們。他們非常喜愛我們的發聲技巧，因此將它記了下來，並以此為我們取名字，用「咪嗚」（miu）表示公貓，「咪特」（miit）表示母貓，成為第一批使用後來成為「喵」（meow）一字的人類。但說實話，我們已經迷倒了許多國家的許多人，而單靠迷人的行為還不足以解釋埃及人對我們的崇拜。顯然在埃及，還有其他的因素在發生作用。將我們帶進他們簡陋小屋的人，原本只指望我們能遏阻鼠輩，但卻欣喜地發現我們的技

巧並不僅限於獵捕老鼠：在獵殺蠍子、眼鏡蛇和毒蛇方面也非常有效。

協助他們擺脫這些有毒的入侵動物，不僅讓他們更加感激我們，也激發了他們的好奇心。埃及人開始關注我們的行為，並且震驚地發現貓似乎能未卜先知。有些貓能提前預知天氣變化，有些則能感覺到即將發生的地震，還有一些貓會警告人類注意似乎看不見的危險。我們嬌小玲瓏的體型遮掩了我們的能力，使得埃及人開始懷疑我們是否具有超自然的力量。說不定我們真的能施咒語吧，反正他們開始猜測貓和魔法之間是否有與生俱來的關聯了。

在古代世界，魔法既非玩笑，也並不惡毒。人類社會的各階層都接受它，認為是一種超然的力量，可以克服混亂和艱苦的世界所帶來的煎熬。儘管如此，也許你抱著懷疑的態度，對這個課題不以為然？畢竟，被埃及人誤認為是魔法的這些能力很容易找到解釋，其原因就是貓的感官敏銳度遠優於人類。要不是雲層聚積，人類不會察覺到暴風雨來襲的預兆，而我們貓老早就感覺到氣壓的變化。或者，對你們來說是徹底黑暗和寂靜的情況，但我們大老遠就能看到和聽到偷偷摸摸的入侵者。

諸如此類，我們如此這般被認為是抵禦邪惡的堡壘。貓具有驅邪的力量是毋庸置疑的，如果一隻貓偏愛某個特定的人，牠就會保護那個人全家免受傷害。不過在你把埃及人看成腦袋單純的人之前，請先了解在那樣的時空，他們如此信任我們的能力不僅合理，而且十分明智。你們現代人太過狂妄自大，對周遭物種的訊息視而不見，但埃及人藉由仔細觀察貓咪，了解我們的行為，確實獲得了他們希求的某種程度的先見之明。

神奇嗎？不，但它的效果是真實的，而且他們越來越常在庇祐的儀式中召喚我們。他們還把我們的圖像印在用來激發超自然力量的物品上，從最小的護身符，到有史以來人類所構思最大的保平安石像：雄偉的人面獅身像，史上最著名的守護神，用埃及神聖國王法老的頭，配上巨大的貓科動物身體。鏡子也是和我們有關的蘊含強大力量的物件，它的用途不僅僅是梳妝而已。這些打磨拋光的平面銅片可以反射邪魔，將它送回它的來處。這種技倆雖然不錯，但要確保鏡子的效用，非得要有真正的力量不可，因此人們經常把受信任的貓圖像

刻在鏡子的背面或手柄上。我們的圖像也被描繪在青銅製的撥浪鼓上，埃及人將它命名為sistrum（叉鈴）。不過它不僅僅是樂器而已，它圓形的頂部象徵子宮，尖尖的把手則象徵陰莖。確實很有力量，因為搖動它就代表鼓動著控制出生、衰敗和重生的元素。而站在它頂端的貓則守護著這個永恆的過程。

想想看時代起了什麼樣的變化，如今雖是你們照顧我們，但那時候卻是我們保護你們。事實上，我們主宰了人類的心靈，因此每一隻貓都象徵著不亞於創世的隱喻。這和一個流行的傳說不謀而合，那傳說講述的是很久很久以前的歲月，一切都是黑暗，沒有任何生物存在，直到太陽神拉（Ra）以咪嗚拉（Miu Oa）或大雄貓的形態出現。在第一個爪印觸及虛空時，祂祈願世界誕生，讓人類可以在其中成形。

拉選擇貓的形體何其明智，因為對抗祂的動物很快就出現了。這個對手名叫阿波菲斯（Apophis），外形是一條蛇。祂是永恆黑暗之神，祈願萬物皆為虛空。但是大雄貓下定決心，認為萬物應該如祂所願的存在，

因此對這條蛇展開攻擊。

　　這場太古之戰持續了多久，誰也不知道，因為連時間本身都還不存在。可以確定的是，這是一場激烈的戰鬥，最後咪嗚拉戰勝了巨蛇，黑暗開始緩和，世界與棲身其中的生靈都誕生了。啊，我告訴過你們：埃及人很看重我們獵蛇的能力！我們這麼做不僅是在保護家園，也為創世紀提供了隱喻。

　　貓爪之下的創世紀？你說，「芭芭，這對我來說是個新聞。」但或許不是吧，因為你很熟悉故事的另一部分，這個部分依然流傳到今天。啊，但你需要提示嗎？古埃及聖地赫利奧波利斯（Heliopolis）的祭司講述了後來化身為雄貓的拉生下其他神祇的故事。首先出現的分別是空氣和水的化身，它們又分別生出了大地和天空，個別對應奧西里斯（Osiris）、艾西斯（Isis）、賽特（Set）和奈芙蒂斯（Nephthys）這些偉大的神祇。且慢。……這是幾位神祇？我們會讓拉為我們數一數：「我由一變成二，二變成四，四變成八，除此之外，我又是再加一。」換句話說，大雄貓咪嗚拉是八隻，然後再外加一隻……祂是九隻之一！是的，九條命。這個故事歷久不衰，比埃及本身更久，成為流傳最久遠的貓咪傳奇。至於與九命同名的美國品牌貓食？它的價格或許便宜，但它也可以順理成章地宣告自己神聖食物的地位。

　　神祇對貓，就像埃及人看到貓一樣難以抗拒，隨著我們與萬神殿中的其他神祇建立起關係，關於我們的傳說也隨之演變。在埃及早期，與貓咪傳奇關係最重要的是優雅神祕的艾西斯，祂是塑造我們歷史的一股巨大力量。身為魔法的女主人，祂與貓有著天然的聯繫，埃及人揣測祂是否促成了我們神祕的能力。祂也是黑夜的女神，儘管我們最初與太陽有關，但借祂之手，月亮在我們的頭上升起。尤其是毛色呈幽冥之夜的黑貓，被認為與這位女神有特殊的關係。人們認為黑貓在我們同類中最神奇，因此甚至可能是艾西斯的化身。

　　到頭來，比起太陽，我們作為月亮的象徵更受歡迎，它更適合我們夜間活動的本性，後來的文化也接受了同樣的聯想。希臘人和羅馬人甚至聲稱我們眼睛的瞳孔會隨著月相變化。這神話浪漫——但瘋狂！它聲稱我們的瞳孔在滿月時變得更圓，而在月缺時會變得狹窄。古代聖賢還建議，哦，一定要注意貓的生育模式！如果你有一隻母貓生七窩小貓，第一窩生一隻，第二窩生兩隻，以此類推，直到第七窩，總共二十八隻小貓——那麼陰曆一個月二十八天的每一天都有一隻小貓。這麼一來，你手上的這隻母貓不僅是非常忙碌的貓媽媽，而且毫無疑問，這是一隻月之女神貓，是神祇的直接代表，應該受到應有的尊重和神聖的待遇。

艾西斯也是生兒育女和母親的守護神，管轄女性事務。或許我們貓輩可以再次作祂的圖騰動物，代表女性氣質、家庭生活和對子女的保護？我們已被視為家庭的保護者，而且未經絕育的貓生育率非常高（是的，我們同意絕育不是壞主意）。說到我們自己的幼兒時，我們給人留下的印象是最兇猛的捍衛者，我們這個物種的雌性同胞願意冒生命危險保護幼兒，這早就遠近馳名了。

埃及人認為，以上林林總總的資料結合得天衣無縫，因此家家戶戶的貓都成了名副其實的家神。埃及人特別希望我們保護他們的孩子，因此把貓形護身符佩掛在嬰兒的脖子上，希望我們像保護自己的小貓一樣保護他們。這個說法也得到傳說的印證，埃及人宣稱法老的守護神荷魯斯（Horus）在襁褓中是由貓餵養。請記住，荷魯斯代表的神性不亞於法老，這意味著貓的分量足以被視為國王本人的乳母。如果你對這句關於我們地位的陳述體會不深，不妨換個說法：現代人確實非常重視他們的貓，但你可曾聽誰說過是我們為美國總統或英國女王哺乳？

久而久之，貓與女性領域之間的聯繫變得更加密切，直到理想的女性氣質被塑造成貓的形態。這位完美的女性不論身形和姿態都像貓，教人念念不忘，因此埃及艷后克麗奧帕特拉（Cleopatra）決定模仿她的愛貓查米安（Charmian）獨特的面部標記來設計自己的眼妝。女王顯然很有眼光，這隻貓的天生麗質激發了她用粗黑線條來誇張眼形的靈感，她將眼睛勾勒成杏仁狀。這種畫法後來徹底改變流行，並且經歷了時間的考驗，成為最經典的時尚宣言。當然，由埃及人的角度來看，這種作法並沒有什麼激進之處，只不過是兩個和諧原則的結合。

很自然地，我們的追隨者最後總要尋覓能完美融合這兩個原則的容器，一個可以讓兩種原型用同樣至高無上狀態存在的神祇，芭絲泰特（Bastet）於焉誕生。通常人們將祂描繪成貓頭人身的美女，但祂不僅僅是與貓有關的女神，祂是更偉大的組合，是貓和人的合體，祂可以說是你們人類送給我們最好的禮物。人類的後代攻擊祂，推翻祂的塑像，詆毀祂的名字，說祂邪惡，但我們卻一直很重視祂。我們貓在最黑暗的時刻緊抱著有關祂的記憶，知道寄託在祂身上的結合孕育著對光明未來的希望。

芭絲泰特發揮祂貓的天性，喜歡來

點遮遮掩掩的神祕感。祂的來歷不僅在現在看來相當模糊，甚至連當時的埃及人也搞不清楚。在埃及的早期歷史中，祂沒沒無聞，當時有些學者認為祂是艾西斯與拉結合而生的後代。或者，他們揣測，是艾西斯與奧西里斯的結合。又或者——啊哈！祂就是艾西斯本人，說不定祂獲得了完美的貓的化身？沒有人能弄清楚，但有一件事很明白：芭絲泰特就是貓，因為就像最偉大的流浪貓一樣，祂來歷不明，血統可疑，但仍然擄走了人心——就祂的例子而言，是全國人的心。

在西元前兩千年，祂開始受人喜愛。為什麼不呢？祂是一隻好貓，保證信徒的家庭祥和寧靜，當然還扮演著傳統的貓咪守護者的角色。既然祂被設想為真正的貓，我們保護人類的所有才能都得以發揚光大，甚至還增加了一種新的才幹，因為祂還成了往生者的守護神。傳統上，埃及人仰賴豺狼頭的神祇阿努比斯（Anubis）指引他們進入來世。但在崇拜貓的埃及人眼中，不妨把那隻老狗派到其他的新用場，因為如今已是由芭絲泰特充當靈魂的伴侶了。

對貓的崇拜成了一股不可阻擋的力量，到西元前一千年，貓已經取代了埃及萬神殿的其他成員，成為全國最受歡迎的神祇。當時我們甚至在尼羅河三角洲有我們自己的城市——布巴斯提斯（Bubastis），它是所有貓族事物的中心，也是芭絲泰特本人的所在地，但這一切不可能由祂獨力完成。埃及人很了解我們，他們在我們身上看到了如今被忽視的對立面。是的，我們既可愛又迷人，往往只想依偎在你的懷裡，可是坐臥在你沙發上的家庭伴侶只是貓本性的一面，我們也是致命的掠食動物。畢竟，那不正是人類當初所珍視的能力嗎？在幾個世紀之前，根本還沒想到擁抱牠們之前？

為了向我們貓族的這一面致敬，埃及人為芭絲泰特提供了一個姊妹，名叫塞赫邁特（Sekhmet），長有母獅子的頭，生性兇猛，和可愛的家貓完全相反，然而兩者相輔相成而非互相對立，彼此缺少其一就不完整。當時有一句關於貓的兩個極端天性的諺語：「像塞赫邁特一樣狂暴，像芭絲泰特一樣友善。」芭絲泰特主宰心靈，保護家庭，代表一般百姓所喜愛的貓；而塞赫邁特則是貓族力量和靈巧的象徵，是教人不寒而慄的軍隊守護神和國家的保護者。

兩姊妹一起征服世界。埃及在西元

前二千年末陷入政治動蕩，但舉國因對貓的崇拜而找到了共同的目標，並在西元前一千年之初重新統一。最後，王位落入了布巴斯提斯的一個王朝，權力得以鞏固。法老王歐索孔二世（Osorkon II）向芭絲泰特獻上他所有的土地表示臣服，將拉所有的權柄都歸於祂，還宣布這個君主國本身就是聖貓的僕人。現在回想一下尼羅河沿岸，卑微的人類照顧莊稼，野貓則在一旁守護，誰能在雙方結盟之初預料到這樣的結果？然而將近三千年前所種下的種子，如今結出了最豐碩的果實：埃及只不過是我們爪下的玩具。

在那個偉大的鍍金時代，我們過著什麼樣的生活？正如你可能揣測的，在住所內，我們是不可侵犯的，就等於是一家的靈魂。照顧貓是件了不起的大事，我們的生活起居由家族的族長負責，在他死後則落到長子身上。沉重的珠寶項圈和金色耳環成了我們與眾不同的標誌，而且毋庸置疑的是，各家為貓的時裝互相競爭，因為他們自己的地位隨著他們貓的地位上下起伏。你們大概免不了會問這個問題，是的，貓通常不喜歡穿這種除了人類虛榮心之外毫無用處的裝備，但這些埃及人的奉獻精神實在情有可原，因此他們的貓願意忍受一點愚蠢，並配戴他們的珠寶，以交換受崇拜所帶來的真正好處。

沒有任何地方比布巴斯提斯的中心更能表達這種崇拜了。在那裡，矗立著芭絲泰特的神廟，這是為了向貓的力量致敬而樹立的最偉大的聖堂。它已經隨著時光流逝而凋零，現在只留下少許殘跡，這實在讓舉世的貓深感驚駭——呃，好吧，畢竟你們人類也經常任由自己的輝煌古蹟被摧毀，恐怕要你們費心保存關於我們的遺址就是奢求了。即便如此，那些千瘡百孔的石塊，對我們來說，仍然是壯麗的遺物，是我們最珍貴的遺產，每一塊碎片中都包含著遙遠榮耀的永恆記憶，甚至還被古代編年史家中最出名的希羅多德（Herodotus）讚譽為全埃及最美的神廟。

這樣的景象非但前所未見，而且此後也無從想像！芭絲泰特的神廟四周環繞著一百英尺寬的運河，周圍種滿了鬱鬱蔥蔥的樹木，看上去就像一座島嶼的田園風光，上面聳立著紅色花崗岩的堅固牆壁，就像長達一千二百英尺的巨大堡壘。但這些牆並不是芭絲泰特的神廟，相反地，它們將神廟隱藏起來，彷彿神廟本身就是神聖的寶藏，不能公開

暴露在大眾面前。進入神廟中,他們藏在裡面的東西同樣教人欽佩:一座長約五百英尺的聖殿,有高達六十英尺的門廊,前方是巨大的塔牆,這讓祂的家擁有了人們所期待的不朽埃及建築所應具備的宏偉外觀。

但那外觀又是一個騙局。走進裡面,看不到冰冷的石頭內部。這位女神畢竟是隻貓,石頭可不符合貓的品味。相反地,宏偉的牆壁被虛擬的貓天堂所取代:一個露天的內庭,裡面種了一整片美麗的樹木,可以在其中攀爬和玩耍。放置芭絲泰特聖像的聖殿則隱藏在裡面供遊人尋覓發現。……我得說,設計得很好,因為我們都知道貓喜歡祕密的地方!祂的神聖雕像安放在那個神聖的空間裡,在那裡女神顯露了真容。

但芭絲泰特並不孤單,許多少女圍繞著祂,毫不害羞地將自己獻給聖貓,人們只能想像她們在狂喜中載歌載舞,搖動叉鈴的喧鬧。幸好女神只是一尊雕像,因為這樣的騷動足以嚇倒有血有肉的貓——而且可能確實如此,因為祂自己的聖貓就住在聖殿裡。牠們是女神活生生的化身,出現在神廟宏偉的多柱大廳裡,披掛著珠寶、金項圈和珍貴的耳環,在信眾留下的供品中悠閒地漫步。

這些供品高高堆疊,一直延伸到巍峨的天花板,供品裡有水果、蜂蜜和異國的香油。

啊,親愛的埃及人,你們慷慨得過分,只是我們必須承認,這些送來的物品未免奇特……他們是不是再怎麼聰明也不明白,貓對這些東西不會有興趣?不過神廟的貓也以大方的態度回報了追隨者的慷慨:牠們並沒有轉身不受,而是尊嚴地接納了這些無用的禮物,知道它們是熱情的產物,即使放錯了地方,心意也是絕對真誠的。當喧囂程度太嚴重時(這肯定經常發生),貓也有自己的住所可以撤退。由奢華的金色布料所隔開的私人區域,僅限牠們和牠們的祭司才能進入,這讓牠們可以擺脫崇拜的群眾,鬆一口氣。

說到崇拜的群眾,人數最多的時候莫過於一年一度的芭絲泰特節。瘋狂的貓咪信徒迷失在狂喜的激動中來到了布巴斯提斯,他們是古代世界最熱門的宗教儀式的朝聖客。「哦,得了吧,芭芭,真的嗎?」我可以感覺到懷疑論者的嘀咕,他們認為聖貓節不太可能真正超越其他節慶。不過我們未必要親自證實這一點,不如聽聽你們自己同類的說法,再度發言的是著名的希羅多德,他恰好參加了這個節慶，並估計與會者達七十多萬人。他滿心敬畏地看著他們抵達，一排排河船擠滿尼羅河，從此岸到彼岸，景象遼闊壯觀。忠實的信徒來自埃及的每一個角落，他們盡其所能高聲讚美，製造出刺耳的喧囂，即使遠在天堂的貓耳都不得不聽見。

當這群瘋狂的人群到達碼頭時又是什麼景象？儘管希羅多德一生見多識廣，卻從未見過這樣的盛況！芭絲泰特的雕像在軍事指揮官的護送下，以最高的禮遇被抬出來，送上駁船。船緩慢地移動，在神廟周圍的運河上航行，以便讓所有人都能看到。這是朝聖者等待了一輩子的高潮時刻，現代世界所有的貓展都不能讓你體會到那種興奮的絲毫。對貓痴迷的祈求者喪失了最後的一點節制，陷入歇斯底里的狀態。他們肩並肩站在河畔，在雕像經過時哭泣暈倒，呼喚貓族中最強大的神祇懇求祝福。

希羅多德繼續記述，他提到這個節慶期間喝掉了多少酒——請記住，希臘人本身並非滴酒不沾，但他說，這時消耗的酒量教人震驚。慶祝者喝掉的酒比一年中其他時間全部的總和還多，因此當天結束時，整個城市都酩酊狂歡。丟臉、丟臉、丟臉，你大概會這麼以為

吧？一點也不！人類是所有物種中最拘謹的，但這是神聖的貓節，而芭絲泰特也是性慾的守護神。如果我描述的歇斯底里在你看來是狂野而非虔誠，那麼，朋友們，布巴斯提斯的這個節慶原本就不是什麼莊嚴的儀典，而是有點類似「懺悔星期二」（Mardi Gras）狂歡節的慶祝，是喧鬧的活動，在這段期間，群眾卸下了壓抑的人性披風，在瘋狂的宣洩中釋出他們內心的貓。

當然，並不是整個城市都能迷失在幻想中，因為還有工作得做。許多朝聖者提出奇蹟治療和其他特殊恩惠的要求，只能由女神在人世間的化身實現。這些人帶著慎重而憂慮的祈願而來，央求芭絲泰特的祭司讓聖貓聆聽他們的願望。祭司擺出應有的莊嚴作最盡心的考量，決定受理哪些案件。然後管理員會用舌頭發出咯咯咯的聲音召喚貓咪，開始作業。

想像一下，一個貧窮、苦惱的人遠道而來，希望獲得奇蹟般的救贖，他在這裡會多麼驚喜。他發現自己置身聖地中最神聖之處時，已經敬畏有加，接著他的眼睛在一片黑暗中盡力張大，大廳的另一頭傳來騷動。突然，群貓向前衝來！牠們速度太快，難以計數，因為人

眼幾乎跟不上牠們飛奔的形體——這裡有一隻！——那裡還有！——那裡，燭光中，只見遠處的珠寶項圈閃爍。剎那間，芭絲泰特的貓遍布四處，使聖殿充滿了神聖的恩典。

真正重要的是，埃及人中還是有人能夠分辨供品的好壞，這麼重要的大事，可不能用蜂蜜或水果打發。人們為了祈求神祇現身，供奉了一碗一碗的牛奶，還把魚切成適口的大小，排列整齊。然後他們退出去，讓貓發揮牠們的智慧。貓會吃這些供品嗎？祈願者的崇拜是否真誠到值得幫助？貓反覆思索，一位祭司在旁吟唱，並凝視牠們翡翠色的深邃眸子。奇蹟就在天平上，那些智慧和仁慈的眼睛將會傳達出判決。

由於如今人類認為一切的權威都僅僅來自於人類本身，因此人們曾經如此敬畏家貓的想法，對你們來說無疑相當可笑——我的朋友們，如果在當時，這種態度會讓你們惹上大麻煩的。埃及人有句諺語：「不要嘲笑貓。」失禮的人冒著嚴重刑罰的風險，就算沒有鞭笞，至少也要罰款。想想當今諷刺我們的網路迷因和YouTube影片無所不在，你們應該慶幸已經沒有鞭刑了。在更講道德的世界裡，這種幼稚的幽默得付出巨大

的代價，而據我所看到的一些情況而言，鞭笞都算是寬大的了。

如果連嘲笑都被禁止，不妨想想對貓造成身體傷害會有什麼後果。這是罪大惡極的，因而招來的制裁可能嚴重到連善待動物組織（PETA）都臉色發白。不僅惡意殺害貓是死罪（我得說，正該如此！），即使是意外造成貓咪死亡，刑罰也不會比較輕。懲罰在理論上是由祭司決定，但實際上他們恐怕沒有時間裁決，因為憤怒的暴民往往會迫不及待地伸張正義。亞歷山卓（Alexandria）一案就是如此，當時的事件讓希臘史學家狄奧多羅斯·西庫魯斯（Diodorus Siculus）非常震驚，他在日記中特別記載了事發的經過。

一名羅馬士兵的雙輪馬車撞到了一隻貓，可憐的貓一命歸陰。毫無疑問，這件事是無心之失，但仍有一群憤怒的埃及人來到這個人的家中，要求他受到應得的懲罰。「不，不，不！」派往現場處理的官員懇求道——畢竟，這名士兵是羅馬人，他們擔心如果暴徒施暴，可能會引發國際事件。「請退下！」官員們乞求。你能猜到結果嗎？他們的呼籲被置若罔聞！這個羅馬人害死了一隻貓，必須伸張正義：人群無視皇家總督

的命令，在街道上拖行這名男子，直到他死亡。

狄奧多羅斯解釋說，這個故事絕非誇張，他親歷此事，這讓他毫不懷疑埃及人對待貓的嚴肅態度。其他歷史學家同樣也提到了這件事，有的甚至聲稱後來羅馬人威脅要報復，遭到藐視之後，雙方發生爭吵，直到克麗奧帕特拉身亡，凱撒征服埃及後，紛爭才消停。好吧，後半部分的依據站不住腳，甚至連我也不會說是因為一隻貓的死引發了埃及與羅馬的戰爭——但我至少可以講講埃及人對貓的愛，是怎麼讓他們的軍隊遭受到毀滅性的打擊。

馬其頓軍事史學家波利艾努斯（Polyaenus）的編年史，記載了西元前五二五年波斯國王坎比塞斯二世（Cambyses II）的大軍圍攻埃及城市佩魯希姆（Pelusium）的情況。這座城市位於尼羅河三角洲與西奈半島交匯處，是通往埃及大陸的門戶，鑑於其戰略重要性，法老普薩美提克三世（Psamtik III）的軍隊死命防禦。或者該說，他們原本一直這樣做，但卻突然看到敵人集體離開他們的陣線。啊，難道他們打退堂鼓，放棄了戰鬥？勝利就在眼前？

並非如此！負責指揮的波斯將軍知道埃及人對貓忠心耿耿，因此下達軍事史上最反常的命令。他派士兵圍捕貓，盡可能一網打盡，然後將牠們綁在盾牌上。啊，我可憐的兄弟們！想想這些倍受崇拜和寵愛的貓被無情地繫縛在盾牌上，灼熱的金屬貼著牠們的毛皮，多麼屈辱！殘忍和侮辱不相上下。隨著波斯士兵重新整隊，所有人都看出他們打的算盤。埃及的弓箭手和地面部隊該怎麼辦？他們會與被貓咪圍牆所掩護的敵人作戰嗎？這些貓一定會遭到屠殺了。是不是該退卻，冒著城市失守的風險？

這個波斯將軍對此事的做法，不公平到了令人鄙夷的地步。躲在貓咪身後打仗的男人不叫懦夫，啥才叫懦夫？但站在戰場另一頭的是真英雄，他們的英雄地位不是由他們流出的鮮血來定義的，而是由他們拯救的生命來定義。是的，佩魯希姆的士兵放下武器拒絕戰鬥。伴隨他們城市陷落的聲音不是投石機雷鳴般的撞擊和鋼鐵的鏘鏘聲響，而是愛的溫柔呼嚕。戰敗？用人類的標準來看，佩魯希姆淪陷的確算是戰敗，但我們貓卻認為恰恰相反——這座城市的捍衛戰士確保沒有任何一隻貓受到傷害，在人類與貓的關係中，贏得了前所未有的巨大勝利。

這甚至是一種超越死亡的關係。當悲傷的那一天不可避免地降臨時，心愛的貓離開塵世，埃及人與牠的關係仍然沒有中斷。親愛的讀者，我知道你不忍心談這個話題，在親眼目睹了我自己的弟兄們離世之後，我知道失去貓同伴對人類的影響，哪怕是在一個不太文明的時代。你們身上會湧現明顯的悲傷，讓你們衰弱無力，我很清楚，即便只是提到這個話題也會再次喚起悲傷。但或許我們可以從那些最了解我們的人所制定的死亡儀式裡學到一些東西。

埃及社會對愛貓永恆幸福的關心和重視，不亞於對人類家庭成員的關懷。製作木乃伊和埋葬是典型的做法，雖然家庭的富裕程度會決定這個過程能做到什麼樣的地步，但如果人類同伴財力雄厚，貓咪所獲得的儀式堪比皇族。這包括去除內臟，將它們放在卡諾波罐（canopic jars，古埃及人製作木乃伊時用來保存內臟，以供來世使用的器具）裡，以及雕刻精美的貓形棺材，上面刻有象形文字，祈求靈魂安全通過死亡之道，甚至可能會有黃金和寶石的禮物。如果這個家庭擁有墓地，那麼在完成哀悼儀式後，心愛的貓將在那裡安息。

這種奢華的做法當然只有極少數人能夠負擔得起。我們大多數的貓不會安葬在墳墓中，而是葬在貓的大墓場裡——光是布巴斯提斯公墓就有超過三十萬隻——在我們的守護女神庇蔭下得到最後的安息。這些貓的人類伴侶雖然資源有限，但在他們心中，愛貓珍貴的程度並不亞於那些有錢人家的貓。即使他們無法為心肝寶貝提供更好的待遇，至少也會用雪松精油和香料處理，然後用亞麻布包裹。如果沒有金色的喪葬面具，那人們也可能會把五官直接畫在木乃伊的繃帶上。你疑心這樣的待遇是不是輕視，或者會造成恥辱？一點也不——或者至少我們不會這樣想！畢竟，我們貓是沒有階級的社群，有些人為動物伴侶大肆揮霍以此代替愛，他們都應該要明白，感動我們的是行動所象徵的真誠，而非耗費金錢的多寡。

當然，在埃及的宇宙起源論中，死亡只是另一個開始，所以在道別的過程中，我們的人類同伴深信即使宇宙中的萬物都枯萎凋零，在宇宙不朽的核心裡，我們仍將與關愛我們的人保持聯繫。貓的靈魂將會踏上與人類相同的旅程，向西行到日落之地，與奧西里斯相伴。或許你會疑惑，對於一隻從未獨自生活過的貓，這段旅程會不會孤單可怕？我的朋友們，放下所有的恐懼，因為統治西方天空的女神阿曼提（Amenti）會做我們的嚮導——身為睿智的神祇，祂知道貓天生好奇，所以會密切注意，確保我們不會偏離路徑。

至於那條路徑，它兩旁擺滿了那隻貓的人類家屬滿懷愛意留下的供品。想想看！出自人手的供品——小碗的牛奶、木乃伊老鼠，和一些現成的食物，它們不僅標識出路線，而且沿途還會成倍增加。由一個變成許多，許多變成更多，禮物一路延伸到比貓眼所能看到的還要遠。知道曾經分享的愛不但沒有消散，而且還在通往永恆的路上放大了無數倍，那一定是一種特別的感覺。

最後，這條路將這隻勇敢的貓帶到了梯子前，梯子上通天堂，在貓的靈魂攀登之時，眾神親自牢牢扶住梯子。對塵世的小貓咪來說，這是個陌生的領域，偉大的神祇荷魯斯和賽特站在一旁，親手握著貓爪，只要貓在最後一級階梯上流露出一點恐懼，祂們就會將牠的靈魂向上一拉。在這次的攀爬中，靈魂獲得重生，進入它曾經熟悉的理想世界。一個完美的貓咪烏托邦，有房屋和池塘，貓享受著永恆的青春，盡情狩獵、玩耍、奔跑和跳躍，在芳香的草地上打滾，躺在永不下山的溫暖陽光下。

這還不是全部，因為除了第一個天堂外，還有更多天堂！第二個天堂有擺滿美食的桌子，是充滿愛心的人留下的塵世供品，可以任意取用。眾神確保這種慷慨永久流傳，貓可以在這裡恣意逗留——無疑地，有些貓可能會逗留很長的時間！如果靈魂決定前進到最後的天堂時，會發現有一艘大船正等著它。這可不是為了最後一段航程而準備的塵世船隻，而是太陽神拉的太陽船——祂就是為世界帶來光明的大雄貓。

我們在最後找到了開始，因為貓的靈魂將受邀與它參與創造的宇宙融為一體。天堂只是一艘航行的船！拉把貓的本體運送到閃閃發光的夜空中，讓它成為燦爛的、永恆的光之精靈。而在地球上，愛過這隻貓並為牠獻祭的人類可以凝視夜空，想念他們的老朋友。他們可能還記得，這隻貓小時候曾如何魯莽地在房子裡奔跑。或者他們會想到牠多年來一直蜷縮在床腳下睡覺。或者，牠像德高望重的元老一樣，高貴地坐在埃及溫暖的陽光下。雖然如今這棟房子彷彿空蕩蕩的，但愛過這隻貓的人卻因為知道牠是永生的而得到安慰。他們凝視著永恆的深處，明白——他們一定明白，在漆黑的夜色中閃閃發光的群星裡，有一顆就是他們心愛的伴侶。

由於我對貓知道的不少，所以我再向你斷言一事。儘管我們看似漠不關心，喜歡玩假裝神祕的遊戲，但請不要懷疑，當人的眼睛掃視天空，希望瞥見老友時，貓的眼睛也為了相同的目的環顧下面的世界。牠們凝視著在地球上的心愛夥伴，用閃爍的光芒招呼他們的凝視，那個時代一定沒人會懷疑星星的明滅只不過是貓在眨眼。

這就是許多世紀前我的埃及祖先所走過的旅程。對我們這場貓史之旅而言，這是多麼偉大的起點啊！雖然這些回憶鼓舞人心，但我並不會苦苦思念那些日子以來所失去的事物，因為我們才剛剛出發，前方還有好多站哩，到時候我還會向你展現幾乎同樣了不起的彪炳功績。我們必須將那艘船留給後方的群星了，但如果你願意以更平凡的方式上路，那麼還有更多的停靠地正在等你──再一次地，它們只是一頁之遙。

佛烈德利赫・貝杜齊（Friedrich Bertuch）一七九九年在他的《兒童圖畫書》（*Bilderbuch für kinder*）中描繪芭絲泰特和塞赫邁特的圖像。這一系列圖像是要教導兒童了解古代的成就，不過我認為成年人也可以藉由觀察埃及人崇拜我們的方式來學點東西。

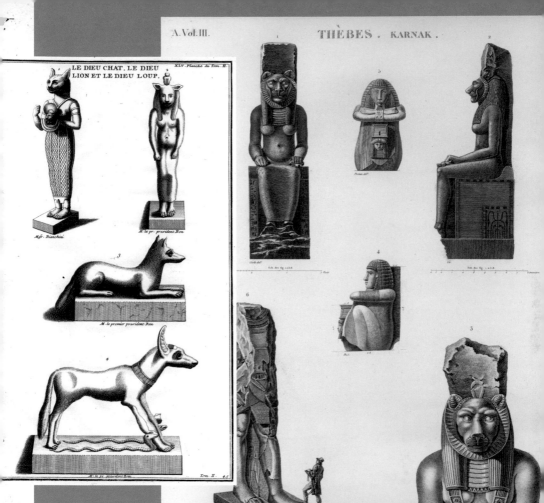

LE DIEU CHAT. LE DIEU
LION ET LE DIEU LOUP.

1.2.5.4.5 STATUES DE GRANIT NOIR TROUVÉES DANS L'ENCEINTE DU SUD. 6 VUE DU COLOS

左・貓神（le dieu chat）和獅神（le dieu lion）：
貝赫納・德・蒙佛肯（Bernard de Montfaucon）
在一七一九年雕刻的貓神和獅神。這位本篤會
修士是研究古物的偉大學者，他很清楚我們貓
咪在埃及人精神生活中的重要作用。

右・一八〇二年拿破崙下令考古學家艾德米—法
杭索瓦・喬瑪赫（Edme-François Jomard）準備一
份名為《埃及紀述》（Description de l'Égypte）
的學術著作。結果他寫下了一本奠定現代埃及
學基礎的書——書中也收入了這些圖像，毫無疑
問地顯示塞赫邁特在盧克索（Luxor）和卡納克
（Karnak）這兩個皇家城市中的重要性！

33

埃及人怎麼會不信任獅身人面像？這尊像不僅教人肅然起敬，也表現出貓科動物真正的忠誠；十九世紀初法國學者抵達盧克索時，它正在默默地守衛。這是喬瑪赫《埃及紀述》的另一幅版畫。

我們何其偉大！在復原重建的布巴斯提斯神廟
浮雕上，可以看到法老王歐索孔二世向芭絲泰
特獻祭，因為侍奉貓而使王權得到昇華。取自
瑞士埃及古物學家和聖經學者亨利・愛德華・
納維爾（Henri Édouard Naville）一八八〇年代
的挖掘紀錄。

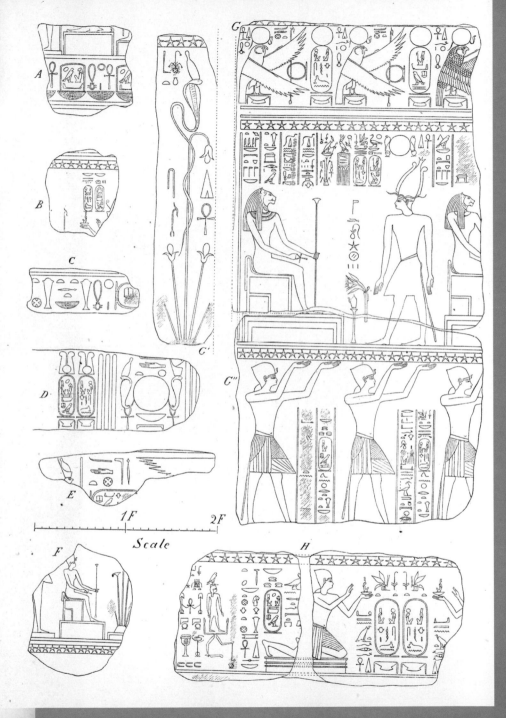

榮耀之路

貓族移居亞洲

MIGRATIONS ACROSS ASIA

埃及人護送我們遠到天堂。做為被他們寵愛的貓是任何現代貓都無從享受的特權，儘管我們現代貓擁有人類同伴給予的各種物質享受。然而尼羅河畔的人們對貓的感激和欣賞並非獨有，小菲力斯在許多地方的許多人身上，找到了同樣的敬佩和讚賞，因為身為貓，牠可以不論遠近自行漫遊。並不是所有的人都有財富和力量來建造寺廟崇拜我們，但即使如此，他們還是用傳說和故事表達了他們對我們的尊重，讓人毫不懷疑他們對我們的感激之情。古代的世界是我們的黃金時代，而埃及並不是讓我們的日子閃閃發光的唯一地方。

就連遼闊的撒哈拉沙漠也不能讓小菲力斯停止漫遊。牠向南行進入中非，那裡流傳一個民間故事，說明貓與人在歷史的黎明結成的聯盟。這個傳說提到，在最古老的時代，萬物都還是新的時候，人類就像曠野裡的動物一樣生活。有一天，他想到一個主意。雨季即將來臨，他想要建造一座住宅——這當然是個好主意——但他不知道該怎麼做。於是他去找狗求助。「很快就要下雨了。你能幫我一起蓋房子嗎？」他問道。「不，我不能幫你。」狗答道，牠

太忙了，有很多需要牠注意的重要犬類問題：牠得要奔跑、吠叫、追逐和睡覺，就是騰不出空閒的時間。

這人去找貓，問了同樣的問題。貓的答覆和狗差不多，牠也有很多要事待辦，例如舔自己的毛皮、捉老鼠，還有用尾巴摩擦物品，牠幾乎沒時間做其他事情。「不過，」貓在回答時停頓了一下，沉思片刻後繼續說，「這些大事可以推遲一天。」然後牠從高樓之處起身，向男人走去。「我來幫你！」

於是他們蓋了房子，人和貓一起合作。雨確實來了，黏膩的非洲濕氣所孕育的水滴大片大片地落下。突然間，狗出現在人的門前，要求庇蔭。「唔，不行，」男人說，「你只能睡在外面。」當狗在尋找乾燥的地面躺臥時，貓來了。男人為貓打開房門，邀請牠到裡面住——畢竟，他認為，對一隻在文明創始時與他共進退的動物，這是個公平的回報。

在埃及東方的人們同樣也尊重我們的貢獻。我們最先正是在肥沃的美索不達米亞三角洲成了你們的同伴，而且儘管經過了無數世紀，我們的夥伴關係也一直相當顯眼。你知道伊斯蘭教的創始人偉大的穆罕默德也喜愛我們？這位先

知將貓描述為純潔的動物，他自己也養了一隻貓，對牠十分寬容，因此他和牠的關係成為他博愛的典範，大家津津樂道。他甚至也為貓在天堂留了位置。

穆罕默德稱他的同伴為米埃扎（Muezza），意思是「寶貝」，他對牠十分尊重，據說他甚至用這隻貓喝的水來清洗自己。至今還流傳了一個先知進退兩難的故事，據說先知該去祈禱時，卻發現這隻貓在他的袖子上打盹。一方面，真主在召喚；另一方面，愛貓正安詳地沉睡。真主必須敬拜，不能讓祂等待，但……有沒有辦法敬拜真主而不驚擾另一位？信仰為這位聖人開啟了其他人看不見的路徑，穆罕默德割斷了衣袖，才能起身祈禱，而沒有驚擾他熟睡的朋友。

另一個傳說則敘述穆罕默德如何在虎斑貓的額頭上做了特有的標記。有一天他在祈禱時遭到一隻老鼠驚擾，不過受到這種褻瀆行為困擾的並不只有他一個。闖入者的冒失沒有逃過米埃扎警覺的注意，牠一躍而起，了結了牠。滿懷感謝的先知為了表達謝意，用手撫摸貓的

頭頂和耳朵，據說這回他的手指奇蹟般地留下了四道黑線，形狀就如同他自己名字的首字母M；這些條紋從不褪色，而且代代相傳，象徵他的祝福。故事很不錯，只是你們人類這個物種也未免太容易上當受騙了。即使聽在貓的耳朵裡，也知道這故事非常荒唐：我並不是懷疑米埃扎的神聖，可是在阿拉伯字母表上，根本沒有M這個字母存在啊！

即使這故事不是真的，M字母的虛構傳說卻依舊流傳四方，作為穆罕默德愛我們貓族的證明。人們效法這份情感，代代相傳，因此在伊斯蘭世界中留下了對貓十分慈悲的傳統。比如富有的人，甚至蘇丹，都會留下捐款，為當地的流浪貓提供碎肉，有時甚至延續數世紀。哦，至於虎斑貓，伊斯蘭世界或許沒有為我們提供M形的花紋，但我們的名稱卻確實源自那裡。虎斑貓的英文單字tabby源自Attabiy，是古代巴格達的一個地區，最精美的塔夫綢（taffeta）就在那裡織造。這種布料原名tabis。由於它光潤水滑還帶有貓毛的斑紋，歐洲人後來就開始用這個字來形容展現出類似花紋的貓。

「可是芭芭，貓怎麼會從中東遊蕩到那麼遠的地方去？在最遠古的時代，亞洲最遙遠的角落也見得到貓嗎？」確實如此，請容我解釋。在穆罕默德之前的許多世紀，我們就與商隊簽約，負責捕鼠的任務，保護他們的商品，因此在縱橫中亞的貿易路線來回穿梭，到達小菲力斯所不知的地點。在還沒有家貓出現的地方，我們受到熱烈的歡迎，很快地我們自己都成了商品。亞洲各地有各種不同的貓品種，不就證明了我們在每個所到的新領域都受到溫暖的接納和擁抱？幾乎整片亞洲大陸都有貓自豪地帶有當地的血統，從伊朗的波斯貓一路到東南亞的暹羅貓、緬甸貓和新加坡貓。

但我還是不要跳得太遠！我不想略掉印度次大陸。嗜，你知道從梵文經文可以證明家貓在印度已有幾千年歷史了嗎？菲力斯自己可能曾經向東流浪到這麼遠，而且我們或許已經在那裡住進人類的家庭，時間不比我們在近東成為家貓晚多少，在印度，我們的地位沒有在埃及時那樣的輝煌，但由於當時沒有人能在任何方面及得上埃及人，因此我們也不會就此認為這個國家對貓的愛就比較少。儘管我們在印度的角色遠沒有在埃及那麼出名，但實際上卻非常相似。我們在人類的精神生活上獲得了一席之地，作為娑斯蒂（Shashti）的圖騰動

物。婆斯蒂是民間信奉的女神，主掌家庭生活、生育和保護兒童。這聽起來不是很熟悉嗎？這些都是尼羅河流域所歌誦的貓的功用，而你們人類學者也正好將婆斯蒂比作芭絲泰特。

印度有個地方勝過埃及。偉大恒河人民流傳了一則民間故事，堪稱是關於貓最偉大的傳說：帕特里帕坦（Patripatan）的傳奇。這隻貓搏得了眾神之愛，讓時間不得不停頓。牠是一位朝臣的同伴，這名朝臣與一位德高望重的印度教祭司在偉大的國王面前爭寵。祭司發誓要爬上凡人難及的「戴文狄倫的天堂」（Heaven of Devendiren），並從一棵聖樹上摘下一朵花，以證明自己的傑出。

如此狂妄！這個天堂是兩千四百萬神祇和祂們的四千八百萬個妻子的家，而且照顧這株聖樹的正是這些神祇本身。但這位祭司下定決心要證明他卓越非凡，因此越爬越高，越爬越高，直到世人都看不到他。所有人都驚奇地看著他的攀登——除了帕特里帕坦的人類伴侶，他一心等待對手的失敗。然而祭司並沒有遭到神祇的斥責，帶著屈辱歸來，而是在勝利的榮耀中凱旋：他展示了手中得到祝福的花朵，宮廷宣布他是眾臣中最優秀的一位。

帕特里帕坦的人類伴侶妒火中燒，他出奇不意的宣布：如果宮廷裡的人認為這是個壯舉，那麼難道他們不知道這裡有一位可以做得更好？「你自己嗎？」大家問道。「不是，」他回答，「是帕特里帕坦！」你可以想像，許多人都暗自竊笑。雖然帕特里帕坦在各方面都算是好貓，但大家都認為牠不可能證明自己比最偉大的人類更偉大，只是既然已經提出挑戰，就必須進行下去。

人類因為喜歡把我們貓推進尷尬的境地而臭名昭著，最典型的做法就是把我們從某個舒適的地方拖出來，放在陌生人面前，期待我們會像對待最親密的朋友一樣對待陌生人。然而帕特里帕坦面對的是前無古人後無來者、無與倫比的尷尬。儘管如此，牠還是極其忠誠的貓，為了完成人類伴侶的願望，帕特里帕坦隨即往天堂攀登上去。

你盡可以想像一下：天堂路途遙遠，即便它多麼壯麗雄偉，也從沒有貓爪踏上那裡。你可以猜想眾神看到帕特里帕坦是多麼高興。牠被神聖的手包圍住，數百甚至上千隻手愛撫牠，把牠往前推，彷彿牠自己就是巨大的偶像。其實，祂們高興得有點過頭，因為儘管祂們很樂於從聖樹上摘一朵花給牠，但卻不願意讓牠離開。一隻貓當然不會違逆眾神，但牠解釋，說人們正等著牠回到大地上。畢竟，牠面對著挑戰，宮廷裡的人都等著牠呢。

諸神雖然捨不得，但也講理，因此提出了妥協的做法。為了讓帕特里帕坦在天上的逗留不要太快結束，祂們同意等三百年後再讓牠回去。幾個世紀在天堂當然只是片刻，但凡人的壽命太短，對在下界等待的人來說太過漫長，眾神因此作了進一步的安排，讓那些人的時間也靜止不動。因此週復一週變成年復一年，接著經過幾十年甚至更久，沒有一個人變老一天。

所有的人都認為這個現象實在太奇怪了，只是沒有人想到竟然會和很久以前失蹤的貓有關。一直到三個世紀結束，真相才揭曉。天空突然像燃起熊熊烈焰一樣發光，大家都驚奇地抬起眼睛，看到天空中的千色祥雲，接著雲層中心打開，露出一個由聖樹的鮮花構成的寶座！是誰坐在寶座上面？不是別人，正是帕特里帕坦，牠下降回到塵世，證明貓足以和最優秀的人類相比，甚至更卓越！

我承認帕特里帕坦的故事只是神話，但我們不該尊重它嗎？這樣的故事一定只能由極其珍愛我們的文化所孕育。當然，這在很大程度上歸因於當地對輪迴的信仰，我從動物的角度看，這是你們精神觀念中最吸引人的部分。倒不是說因為輪迴讓我們有機會分享人類的靈魂（我對自己的靈魂很滿意，謝謝！），而是因為你們這個物種往往需要一點勸誘，才能做正確的事。輪迴意味著前世是人，而此世可能變成獸，這種觀念也提供了額外的誘因，讓人以應有的尊重對待其他眾生。

在亞洲各地，轉世為貓尤其會被視為人類靈魂終獲啟蒙前的最後階段，因此這些地區的貓受到相當的尊重。這個想法由來已久，一直到十九世紀英國人殖民印度時仍然存在，因而流傳了貓族歷史上的一則奇聞軼事。英國將軍托馬斯·愛德華·戈登爵士（Sir Thomas Edward Gordon），其部隊曾占領孟買周遭地區，他在日記裡記錄了當地總督府一個令人費解的習俗：印度衛兵會向任何碰巧經過前門的貓行禮並舉槍致敬。貓的反應是「欣然接受！」，然而英國人的反應卻有點不同。向貓舉槍致敬是嚴重違反軍紀的行為，因此這位將軍展開調查。

原來，孟買總督羅伯特・葛蘭特爵士（Sir Robert Grant）於一八三八年傍晚時分在總督府去世，碰巧他死亡時有人看到一隻貓走出前門，循著總督每天黃昏都會走過的小徑向前邁步。英國人傾向於將此事歸結為巧合，但印度衛兵認為這可能預示著更多的意義……畢竟，那隻貓完全反映出總督的日常慣例，而且受尊敬的人，他的靈魂豈不可能變成受人尊敬的貓嗎？他們去請教了一位婆羅門（印度種姓制度的祭司階級），證實了疑惑：葛蘭特總督的靈魂已經轉世到一隻住在總督府的貓身上。

果真如此，守衛覺得他們有責任向這隻貓行先前對總督舉行的所有禮儀，但是有個問題，因為在總督離世時行經大門的貓是在遠處昏暗的燈光下，所以沒有人能確定牠究竟是本地眾多貓中的哪一隻。要是其中任何一隻就是總督的化身，哨兵該怎麼辦？他們決定從此以後對所有的貓都行同樣的禮節，以免錯失正確的對象。畢竟不怕一萬，只怕萬一。因此在將軍抵達孟買時，向貓舉槍致敬的習俗已逾四分之一世紀。

英國人覺得此事匪夷所思，但在數以百萬計的亞洲人看來，卻是理所當然。幾世紀來，某些品種的貓被視為神聖，因為人們相信牠們可以作逝者靈魂的容器。在古老的緬甸，毛皮如絲緞的藍眼長毛伯曼貓（Birman）就是這種貓，傳說第一隻這種貓就是在危急的關頭由眾神所造，以便安置一個國家史上的偉大靈魂。牠名為辛兒（Sinh），是最著名的貓之一，住在山上的寺廟裡，這個廟後來成了這個品種的同義詞。

這座寺廟名為拉奧則（Lao-tsun），位於緬甸北邊的因道歧湖（Lake Indawgyi）附近。根據古老的歷史，曾有一群喇嘛住在這裡，他們的住持孟哈（Mun Ha）尊者奉獻一生，敬拜尊冠女神（Tsun Kyankze），這位擁有藍寶石般明亮雙眼的女神掌管著通往來世的靈魂通道。孟哈飼養辛兒作為同伴，所有見過這隻貓的人都認為牠十分睿智，甚至有人認為牠堪比聖賢。此外牠也長得很英俊，金色的眼睛像寺廟的鍍金雕像一樣閃耀，牠的軀幹則呈現虹光般的白色。

牠雖有這些優點，卻並非沒有缺陷。牠不像我們今天所認識的伯曼貓，尤其值得注意的是，牠的耳朵、尾巴、鼻子和爪子都帶著類似泥土的暗色。由於這隻貓聖潔的姿態，因此有些人認為這種變色應該有象徵意義，或許是辛兒要提醒廟裡的僧侶，大地和所有踩踏其上的生物都免不了沾惹塵埃，就連最出色的生物也無法規避這一宇宙真理。

這位明智的住持和他聰明的貓一起度過很多年，但歲月無情，孟哈終究變成了體弱多病的老人。當不可避免的結局到來時，他坐在寶座上，心跳停止，然而他去世的那一刻並不平和單純。辛兒一直守在孟哈的身邊，在他生病時不肯離開，現在牠跳上主人已無生氣的頭上。「嘿，你在做什麼？」廟中所有的喇嘛都感到疑惑，但大家還來不及質問，貓就弓起背，專注地凝視前方。辛兒的眼光盯著孟哈長久以來一直都在敬奉的尊冠女神像上，牠的意思很明白：住持的靈魂已立刻轉世到貓的體內了。

即使任何人感到懷疑，也會被接下來發生的事情抹除。辛兒漂亮的白色背毛豎了起來，呈現出金色的色調，牠的眼睛從金色變成了深藍色，與女神眼睛的顏色一樣。至於牠原本染上泥土色澤的四肢，顏色也起了變化，變成白色。這些正是伯曼貓的特徵，辛兒不僅接收了聖人的靈魂，而且在這個過程中成了這個品種的先祖。這種蛻變如此神奇，卻只是即將發生的戲劇性事件的前奏。

緬甸此時正與暹羅交戰，敵軍逐漸接近。但在神殿內，人人都專注在眼前的異事上，對敵軍毫無知覺……只有那隻貓除外，牠終於將目光從雕像上移開，並牢牢盯著南邊的大門。牠的雙眼燃起藍寶石般的火焰，其意義再一次地十分明顯。危險近在咫尺，眾喇嘛立即到入口處舖設障礙，而此舉十分及時。抵達的侵略者儘管猛攻，但門關得很緊。喇嘛整夜都忙著鞏固大門，直到最後，暹羅軍隊的攻勢都是白費工夫，因此離開轉而去尋找更容易攻擊的目標。拉奧則神廟因而躲過褻瀆和掠奪。

但即使到此時，一切尚未結束。在這整段期間裡，辛兒都沒有離開寶座，接下來七天也一樣。牠的視線重新固定在尊冠女神的雕像上，毫不動搖，甚至在敵軍撤退後，眼睛仍然燃燒著同樣強烈的火焰，牠彷彿在與主掌靈魂通道的女神交融，而且完全沉浸其中。然而那七天一過去，辛兒的凝視終於起了動搖。牠的眼皮突然變得沉重下垂，然後闔上眼睛。牠塵世的身軀搖晃了起來。這隻貓毫無生氣地倒了下去了，跟老住持倒在同一個地方。在辛兒離世之際，孟哈的靈魂終於釋出，投入女神慈愛的懷抱。

倖存的喇嘛回到他們的房間，思索

有一陣子佛教界對我們抱著敵意？這個不幸的事件純屬誤會，而且不出所料，完全是出於人類的過錯。我其實不想談起這個話題，畢竟我們也不再怪罪你們，不過我還是得告訴你們，這樣你們才會明白，哪怕在最美好的時代，生活在人類之中的貓也不是那麼容易的。

你有沒有想過為什麼貓沒有列在中國的生肖之內？即使這不是徹底的侮辱，卻似乎也不像明顯的疏忽？尤其連

兔子和蛇，以及其他用處遠遠不如貓的動物全都被收在其中，還有龍——這種動物根本不存在，老天爺哪，甚至還有鼠！故事是這樣的：大約就在我們進入中國的時候，出現了一種完全不公平的指責。我不知道這是不是意圖阻止貓遷徙的陰謀，但它確實有這種跡象。

流傳的謠言說，在佛陀的葬禮上，各種生物的代表現身致敬，然而所有的動物，舉世每個已知的物種中，行為不檢的只有貓。據說在那悲痛欲絕的一刻，大家都悲傷地垂下頭時，貓竟然撲到老鼠身上，解決了牠。由於殺生已逾越佛陀視為不可侵犯的戒律（他對禮儀教養無所不知，卻對和鼠輩共同生活一無所知），因此形成了排斥我們的偏見，只有這一回，我們……不受喜愛。

幸好這種偏見並沒有傳達給一般人，尤其是農村的人一直都更重視我們控制嚙齒動物的能力，而不在乎我們在葬禮上是否行為規矩。不過許多寺廟都不歡迎我們，那裡的人還不熟悉我們的性格，因而誤認為我們是糟糕的同伴。當然，事實證明，時間會治癒一切創傷，而且再次牽涉到鼠類時，創傷痊癒得特別快。這些厭惡我們的許多寺廟最後發現自己面臨重要手稿被鼠類咬嚙的

威脅，他們終於想到或許貓辦的事畢竟有點價值，所以向我們求助。多麼諷刺，嘎？貓先是被一個在佛陀葬禮上殺死老鼠的流言所誣蔑，然後佛教徒又求我們幫他們殺死現實生活裡的老鼠！而人類還宣稱反覆無常的是我們貓呢。

好了，事情就是這樣。最後，佛教徒也站到了我們這一邊，崇拜起我們來了，許多寺廟成了名副其實的貓聚落。隨著我們聲望飆升，在中國，名人養貓成了傳統，孔子就是其中之一。佛教徒也彌補了他們先前的輕率行為，讓我們搭便船前往我們在亞洲的最後目的地：日本。在你們的西元六世紀，我們隨著中國僧侶抵達那裡，當然，到那個時候，布巴斯提斯已經成了廢墟，偉大的法老也成了追憶，但誰想得到我們的聲望幾乎沒有減少，彷彿我們回到了光輝的歲月。即使古老的太陽墜入薄暮，那幾個翡翠般的島嶼也再度將它舉起，回到新黃金時代的黎明。

第一批到達日本的貓被奉為無價之寶，成了貴族的同伴，他們不僅放任我們和他們對話，甚至十分睿智地詢問我們對重要事項的意見。貓在宮廷裡倍受喜愛，如果希望得到天皇的青睞，慣例就是送他傑出好貓作為禮物。尤其是西

元九八六年到一〇一一年在位的一條天皇，他對我們抱持最崇高的敬意，他熱愛我們，因此有狗在宮殿裡追逐一隻貓時，他會把這隻惡犬的主人關進監牢。了不起！開明的君主確實應該施行這樣的正義之舉。讓我們面對現實吧，十有八九，人類才是犬輩違法亂紀的根源。

一條天皇最鍾愛的貓潔白如雪，是從中國帶來的，名為「誥命夫人」，牠在九九九年五月初十生下一窩小貓，天皇認為這是吉兆，下令以照顧王子般的關愛和呵護來撫養牠的小貓。但這只能算是他一個大動作的前奏，因為他後來下旨，將所有的貓都升格為貴族！從此以後我們就在上流社會的家庭裡倍受疼愛，被視為精英階級的子女。當時的人對我們無比恩寵，稱我們為tama，意思是「寶石」。

然而將我們升為貴族，卻出現了意想不到的後果。根據日本習俗，不再允許身為貴族的我們執行任何體力活。啊，用爪子工作可恥嗎？唔，你們大可自行討論這個問題，因為你們人類遠比我們貓更喜歡爭論社會階級的優點。關於這個話題，我只能這麼說：四爪緊緊地貼著泥土活著的動物，就該毫不推卻地使用它們，在大自然中不這樣做，就違背了為求生存而勞動的原始需要。因而從貓的角度來看，工作不僅是適當的，而且對個性的形成也是必要的。

雖然這方面的辯論對你們似乎不重要，但眼前這個例子卻產生影響深遠的結果。雖然一條天皇的聖旨用意無疑是豁達大度的，但很遺憾的是，這意味著抓老鼠這種低賤的任務不符合我們的身分。多麼奇怪，我們捕捉嚙齒動物的能力不僅最先建立了我們與人類的關係，我們也非常享受這個工作的樂趣——如今我們太高尚，這工作配不上我們？可真是奇特的轉折，日本成了全世界唯一一個不鼓勵貓捉老鼠的國家。

結果這對日本的布料製造商造成嚴重的麻煩。我們本來一直在與破壞他們蠶繭的鼠輩戰鬥，但現在他們在倉庫和工坊裡放置貓的雕像取代活貓，用意是像稻草人——或者說得準確一點，像稻草貓一樣。我只能取笑人類的天真，他們竟然認為老鼠——儘管狡猾，卻可能會被這麼荒謬的詭計欺騙，不過我確定對日本的貓來說，情況遠沒有那麼有趣。是的，牠們被隔離在舒適的套房裡，但代價是牠們的宿敵越發膽大包天，這些鼠輩隨心所欲地飽食蠶繭，使整個產業蒙受巨大浩劫。

日本皇室固執地執行著這種愛貓行為，無論多麼不合適，依舊值得稱讚：儘管日本的貓迫不及待想回到行動行列，皇室仍然撐了三個世紀，才終於默許。當然，最後別無選擇，只能讓我們回去工作，也因此我們尊貴的地位不得不撤消。就這個例子而言，我們或許會說老鼠獲得罕見的勝利，因為牠們確實迫使我們走下崇高的臺座，然而牠們宣稱的勝利都會付出相當代價。在這裡，

我們不就見證了老鼠的愚蠢嗎？只要牠們放過蠶繭，就可以像我們一樣過得舒舒服服，然而牠們自鳴得意的態度，引來我們的爪子重返絲綢廠。

如果你想知道被貶為原先的普通勞工會不會讓我們心生怨恨，那麼我可以向你保證，沒有。請記住，身為對人類不安全感免疫的物種，我們貓對自己的高尚充滿信心，不需要官方頭銜。我會坦率地承認，我們享受人們的寵愛，但我們同樣喜歡平凡的消遣，比如在地上打滾和爬樹，而僅僅因為人類認為這些簡單的快樂不成體統，就要剝奪它們，實在很惱人。捕鼠為我們帶來快樂和成就感，是坐在絲綢墊子上的美好難以相比的——好似沒有我們保護蠶繭，還會有絲綢墊子可坐似的，而且到頭來，也許終於解決了勞動崇高與否的爭論。

無論如何，我們效力國家的努力發揮了作用，那就是肯定我們作為人民朋友的地位，儘管喪失了頭銜，卻因社會大眾對我們的深情而得到彌補。在流傳下來的日本民間故事中，有舉世最感人的貓咪故事，顯示了我們是睿智、忠實甚至英勇的夥伴。比如下面這則故事講述一隻貓擁有過人的智慧，甚至能為強大的領主解惑。

有位德高望重的武士飽受一隻可怕老鼠的騷擾，牠在他家任意來去，為所欲為。牠的體型碩大，甚至趕走了武士的貓——在我們貶斥這隻貓之前，要知道牠一直十分出色，唯有在這個極其特殊的情況下例外。許多本地貓都來協助，也拿這隻老鼠無可奈何，即使是最勇敢的貓也一樣。絕望之餘，武士乾脆自己去獵殺這個畜牲。竟然讓武士親自拿刀去除害，實在是侮辱啊，更不光彩的是，連這樣也無濟於事，因為老鼠實在動作太快、太聰明，而且太大膽，難以消滅。

最後，武士聽說有隻貓是此地最了不起的獵手，於是找人把貓送來，然而當貓抵達時……好吧，這麼說吧，牠的外表和姿態證明了傳言不實，牠的名聲一定是源自過去的歲月——或者更確切地說，是很多很多年前的情況，因為牠現在又老又憔悴，只不過是隻孱弱的貓，看不出任何昔日的光彩。更糟糕的是，牠似乎對狩獵沒有任何興趣，寧可一動也不動地坐著，任憑那隻巨鼠四處亂竄，讓牠自己看起來像個傻瓜。

這樣過了一段時間後，武士對這隻名譽掃地的貓哭笑不得。終於，貓懶洋洋地起身了。牠徐徐走到老鼠身邊，老

鼠用嘲弄的眼光看著牠。接著事情就這麼發生了：迅雷不及掩耳，其疾如風，敏捷似鹿，貓一躍而起，了結了巨鼠。一切宛如電光石火，貓再度顯得昏昏欲睡，牠重新坐了下來，彷彿才剛完成最平凡的任務。

武士驚奇地看著這一切。他自己的刀遠不如老鼠靈活，然而這隻貓雖然老態龍鍾，卻兩下子就將老鼠送上西天。武士滿懷敬意地懇求老貓傳授牠的祕訣，因為這隻貓顯然見多識廣，起初牠不肯透露隻字片語，最後貓勉強同意了。牠向武士透露戰鬥的真諦：不在於力量強弱，而在於自制。不要急於參加戰鬥，要花點時間研究敵人，了解他的動向和意圖——不要淪為自負的犧牲品。貓解釋說：「不要擔心敵人對你的看法，甚至讓他覺得你很懦弱，引他陷入虛妄的安全感。等他放下防衛心，就迅速出擊將其征服。」牠能夠教戰士如何戰鬥，確實是一隻足智多謀的老貓。

現在讓我們從傳說轉向一個真貓的故事，因為日本最偉大的貓，牠的故事可不是寓言。這故事有各種版本，而且沒有一個版本能被確認為最可靠的，當然罪魁禍首在於人類的記憶力，因為所有的說法都有某些相似之處，所以我們

有充分的理由相信傳說的背後自有其真相。這故事發生的背景在東京的豪德寺，可以確定的是這座古老的寺廟建於十五世紀，到十七世紀時變得貧窮破敗，廟裡只剩下一個和尚，寺廟眼看就要倒閉了，此時故事最重要的角色伸出了援手：一隻非常特別的貓，牠將使寺廟重振榮光。

牠是流浪貓，全身純白，廟裡的和尚收留了牠。和尚心地善良，盡力照顧他的同伴，只是光善良填不滿飯碗，這兩夥伴陷入了困境。和尚一直都有堅定的信仰，但被貧窮所迫，連信念都開始動搖起來。他看著殘破的寺廟，傾訴他的絕望。他悲嘆道：「咪咪，我已經無能為力了，我知道要是你有能力，一定會幫忙的，但畢竟你只是貓而已。我不知道還剩下什麼希望。」他意志消沉，萬念俱灰，準備拉動命運之繩，迎接悲慘的結局。

啊，傻和尚！難道他忘了在貓的面前揮動繩子會有什麼結果？現在他的同伴把命運之繩抓在牠的爪子裡，和尚很快就會知道沒有「只是貓而已」這種事。不久，突然狂風大雨，一位名叫井伊直孝的武士帶著隨從在豪德寺附近的道路上前行，正好碰上這場傾盆大雨。

他四處尋覓避雨之處，突然看到遠處有隻白貓。牠在做什麼？好像是在用牠的爪子做手勢……難道牠在招呼他們？

這群人雖然非常意外，但卻相信貓的智慧，牠轉身前行時，他們跟在後面，狂風中牠領他們穿過了一條小徑來到寺廟。武士見到了和尚，豪德寺這位人類住持的智慧和謙遜的奉獻精神教武士藩主十分感動。他看到寺廟破落的情況，發誓要資助此地，並宣布此後為他的家廟。

從此豪德寺不僅繁榮興旺，而且成為日本最富有、最美麗的寺廟之一。為了感謝那隻迎接寺廟恩主的貓，所有的貓在那裡都會受到尊重。你們人類還稱之為貓廟，現在那裡擺滿了貓的雕像，為生病或失蹤的貓祈福。那裡還有一個大墓地——這是自埃及時代以來唯一的一個——信眾會向佛陀祈求離世貓咪的靈魂能獲得涅槃。

自然地，那裡可以看到數百隻貓在附近徜徉。但你能想像故事中的那隻貓還在那裡嗎？……在某種程度上。因為牠幾乎無處不在，成了舉世最著名的貓肖像。啊，對不起，我真是太沒腦筋了。我是不是一開始就忘記告訴你這隻貓的名字？好吧，或許你已經猜到了，

因為牠是我們所有貓之中最好認的。牠就是招財貓，那隻人人熟悉，舉起一隻爪子做出招呼手勢的幸運貓。這個姿態是為了紀念牠接引武士前去寺廟的那一刻。因此堅稱我們貓是自我中心的那些人或許該想想，貓的報恩之舉怎麼變成了你們人類世界最流行的好運象徵呢？

好吧，朋友們，我可以繼續熱情地吹噓日本人對貓的喜愛，但我們已經遠行至太平洋，現在應該將注意力轉向別處。另一段冒險已經進行了很長一段時間，理應得到我們的注意，那就是征服歐洲之旅。讓我們倒轉時鐘，倒退大約兩千五百年，回到布巴斯提斯仍然稱霸的日子。我們的老朋友菲力斯對地中海北岸不感興趣，這使得當地的農民處於劣勢，無法與中東和埃及欣欣向榮的農民相比。

但此時有一支被稱為腓尼基的民族，他們在黎巴嫩的海岸建造家園創立了文明。他們並沒有築起偉大的紀念碑，也沒有強大的軍隊，但他們很能幹，這就是他們的才華所在，因為他們將自己打造成古代世界偉大的航海商人，派遣船隻在海上往返，以貿易而非刀劍征服世界。為了要靠貿易維生，所以腓尼基人訓練自己的眼光，能夠敏銳

地看出物品有沒有價值，他們在馴化的貓身上看見了非常好的商機。

他們推想：只要我們把這些貓送到海的那一端，肯定會找到有利可圖的市場。他們很確定這點，因為——想想就教人發抖，早期的希臘人被迫用黃鼠狼和石貂來保護穀物，防範囓齒動物。需要我告訴各位這個提議有多麼可怕嗎？這些動物野性未馴，即使在最理想的情況下也很難駕御，而且如果讓我們放言批評，牠們還很粗魯。

在希臘賣貓應該很有銷路，腓尼基人決定要帶我們上船。我們同類中最好的品種當然是在埃及，牠們身強體壯，長相迷人，又有良好的教養，能夠對人類做出熱情的回應，這樣的貓能帶來最大的利潤。唉，可是有個問題。埃及人這麼尊重我們，認為貓絕不只是商品，所以禁止我們出國。

但我已經告訴過你們，這些腓尼基人很能幹——在你們人類，這就意味著——嗯哼，不老實。他們趁埃及官員不備，將我們偷偷運出去，藏在他們大帆船的甲板下面。想像一下這個詭計：大膽的海盜溜出港口，他們的船上滿載著貓，駛向暗夜。貓咪會有什麼反應呢？有一些肯定會因為被外國人擺布而受到冒犯，還有一些可能會非常害怕。另外也有一些貓滿懷期待，知道正在進行新的冒險。我認為我們應該加入他們，所以快點和我一起上船，駛向遙遠的海岸！

毛爪木美微多

我們的愛永不止息。早在西方人還沒想出貓罐頭食品之前，日本人就已經開始為貓舉行葬禮了。東京深大寺設有市內最大的動物墓園，圖中存放貓咪骨灰的龕位就位於此地，這給人類提供了回來紀念我們靈魂的地方。

Dgi-Guerdgi Albanois
qui porte au Bezestein des Foyes de Mouton
pour nourrir les Chats.

上圖。中東商人會餵我們，確定我們不會挨餓。在開羅市集上的這個人餵羊肝給貓吃，但他動作太慢了，貓都爬上他的腰來了。不過我們還是讚揚他的慈善。這幅作品於一七一四年完成，由Jean-Baptiste Vanmour設計，Gérard Scotin雕版。

右頁。英國皇家防止虐待動物學會（Royal Society for the Prevention of Cruelty to Animals）的會刊《動物世界》（Animal World）在一八九一年五月號中報導了一位開羅蘇丹的善舉。他捐贈一座花園，收容當地的流浪貓。即使在他去世之後又經歷了許多世代，流浪貓仍然能在那裡得到餵養。

Issued by the R.S.P.C.A.]　　　　　　　　　　　　　　[The Editor's Address is 105, Jermyn Street, London.

THE ANIMAL WORLD

He prayeth best, who loveth best,　　　│　　For the dear God who loveth us,
　All things both great and small;　　　│　　He made and loveth all.—COLERIDGE.

No. 260.—Vol. XXII.　　　　" BOTH MAN, AND BIRD, AND BEAST."　　　　MAY 1, 1891.

Twopence.]　　　　　　　　　　　　THE CATS' HOME, CAIRO.

在歐洲的
成功與悲劇

貓帝國的
興衰

歐洲是一片新的疆界，征服它的時機已經成熟，地中海北岸的熱情接納將會進一步加強人類與貓之間的情誼……至少我們以為會這樣。幾個世紀以來，人類對我們的崇拜讓我們沒有料到即將發生的事。這片新土地後來讓我們陷入最大的絕望，在那裡，我們見識了人類的背叛，後來又在其他物種從未遭受過的殘酷困境中掙扎求生。但讓我們把黑暗的日子留到後面再談。現在，在明艷的碧空下航行，因為懸在希臘碼頭上空的是亮麗的藍色——腓尼基水手正在卸載他們不同凡響的貨物。

第一批載著我們的船隻抵達希臘時，我們被當成活生生的奇蹟。這是西元前大約七、八世紀的事，當時希臘人仍然相當粗野，他們只知道凶蠻的山貓。馴化的變種在他們眼裡實在奇妙。他們對我們毛皮的柔軟無比著迷，對我們溫柔的性格也十分驚訝。哇，我們不但馴良到可以觸摸，而且甚至——好吧，這得看情況而定，允許人類把我們抱在懷裡！商販興高采烈地宣傳：「這些貓不僅僅只是新奇而已，牠們也很實用！」他們解釋著，說我們比希臘人以往依賴的捕鼠動物優越得多。哦，當然，黃鼠狼和石貂可以獵捕老鼠，但牠們是野生動物，在捕獵時不分青紅皂白，可能也會吃掉你們的雞喔。

但送來的這些是真正的埃及貓，是馴養過的動物，可以信賴牠們（嗯，理論上）只會追殺該死的囓齒動物。腓尼基人是極其出色的推銷員，不費吹灰之力就說服了希臘人，他們甚至同意為黑貓支付額外的費用——商人聲稱，黑貓是最厲害的獵手，因為牠們毛色深，獵物看不見牠們！果真如此嗎？哈，不！老鼠有十分敏銳的嗅覺和聽覺，牠們在黑暗中依賴這兩種知覺而非視覺，貓的顏色完全無關緊要。是的，傻瓜到處都有，但在興奮中，似乎沒有人在意這些細節。

當時，地中海北方的人對貓一無所知，但他們很精通另一個領域，就在那個領域裡，他們為我們的歷史做出最重要的貢獻：文字。希臘人起初稱我們為galê，這是小型哺乳動物的統稱，他們也用同這個字來稱呼黃鼠狼，因為我們最先都被當成同一類。哼！但是到了西元前五世紀，新字不斷演化，有些字迄今仍用來形容我們。最先是用feles，最後被feline取代，隨後是catta，由此演變出現代英文中的cat，以及chat、 gato、katze，在人類語言中發音相似的所有變體都是源自於此。

有個流行的傳說還衍生了另一個字——儘管這個字不那麼教人愉快。這故事是說有一隻名叫艾魯蘿絲（Aielouros）的貓。Aielouros這個名字源自aiolos（移動）和ouros（尾巴）——就等於是「搖尾巴」。這隻可愛至極的貓被變成了人間美女，美艷不可方物，不亞於愛神阿芙羅黛蒂（Aphrodite），惡毒的女神為了懲罰她，把她變回原先的模樣。這個故事本身是假的，流露出你們人類先入為主的假設（你們怎麼會認為我們寧願作人而不作貓？），但從中衍生了ailurophobe這個字，意思是對貓抱著不合常理的恐懼或仇恨的人。

不過這時候仍然是黃金時代，除了脾氣暴躁的阿芙羅黛蒂外，在這個迅速成為ailurophiles（意為愛貓人士）的國家裡，幾乎找不到任何恐貓症患者。希臘人渴望分享他們新發現的奇妙生物，

他們從腓尼基人中斷的地方開始，隨著實力和聲望的增長，將我們帶到更遠的地方。貓再度開始移動，哦，我們走得多麼遙遠！希臘的殖民者將我們帶到巴爾幹半島和黑海沿岸的邊遠前哨，以及他們在馬薩里亞（Massalia）的定居處——也許說法國的馬賽，你會更熟悉？我們跟著當地商人一起登船，沿著隆河北上，輕而易舉地進入德國。

義大利也是透過希臘人才認識了貓，希臘人將我們帶到他們在西西里島的殖民地，我們從那裡登上義大利半島。等我們到達羅馬時，好吧……凡是凱撒所見，凱撒所征服的，我們都緊隨其後。我們受邀加入他的軍隊，以保護羅馬的商店免受鼠輩侵害，我們保持著與帝國軍團一致的步調，一直行進到不列顛。

「這算哪門子勝利！」懷疑論者一定會嗤之以鼻，「你們難道不是被奴役，被人帶著在這塊大陸上強迫勞動嗎？」我不否認我們是被當成卑微的捕

在歐洲的成功與悲劇：貓帝國的興衰

鼠工具而被引入歐洲，但我們知道自小菲力斯時代起就流傳下來的制勝法寶：透過勤奮工作，捍衛人類物資，即使是在最冷酷者的心中，我們也再次贏得了柔軟的一塊。要是你不相信我的話，不妨想想羅馬士兵對我們的喜愛，他們是第一個採用家貓作為紋章動物的人。唏，就連埃及人也沒有到這樣的地步，他們的軍隊寧可用獅頭的塞赫邁特。可是羅馬奧古斯都軍團（Ordines Augusti）的盾牌標記是一隻綠色的貓，資深軍團（Felices Seniores）則是一隻紅色的貓。

當然，在北方，凱撒的許多士兵都是僱傭兵，而不是土生土長的羅馬人，這為我們征服歐洲提供了進一步的好處。與軍團一起行動的貓被分配到要塞裡面，通常在要塞外不會看到牠們。如果士兵全都是羅馬人，我們就一直會是個祕密，但在軍團中服役的當地居民卻有機會親眼目睹我們的長處，因此即使帝國的力量逐漸衰弱，我們的力量卻逐漸增長。當宏偉的城垛遭棄時，我們並沒有回到羅馬那座永恆之城，而是被附近村莊僱來的士兵當作戰利品帶走，他們把我們帶回他們的家。

隨著我們在這些新社區的繁榮發展，我們最後的勝利甚至超越了凱撒大帝。朋友們，這是真的！我不想讓羅馬皇帝太難堪，但圖拉真（Trajan，羅馬五賢帝之一）只能夢想的功業，卻靠著羅馬的貓完成了；他的軍隊被善戰的部落阻撓，從未攻破蘇格蘭……但我們做到了，而且是透過擁抱和呼嚕聲，而不是靠血與鋼。但我們沒有停下腳步，在駛向斯堪地納維亞半島的商船上勇往直前，航向那些崎嶇不平的北部地帶，強大的維京人就在那裡出沒。

在其他人類看來，這些可怕的北歐人簡直恐怖。啊，但對我們來說，他們其實很溫柔。他們長滿老繭的強壯雙手雖然留下了戰鬥的傷疤，沾滿鮮血，但對我們來說卻是柔軟的手掌，他們會在寒夜裡放下斧頭，換取撫摸溫暖貓毛的單純快樂。唏，他們對我們非常著迷，因此特意繁衍我們好在他們的船上盡職，這一傳統在現代的挪威森林貓身上得到保存。因此我們是不是應該在此時此地結束爭論？如果你們當中有人覺得作為「貓奴」是一種娘娘腔的恥辱，那麼，歡迎與維京人談談這件事。

正如異教徒的世界一直都能與我們共情，我們新結交的人類朋友也延續著跟我們分享他們精神生活的傳統。希臘

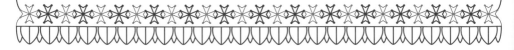

人很快就接受了貓的神聖天性，並宣稱我們是阿提米斯（Artemis，象徵純潔的希臘女神）的同伴，羅馬人也跟進，說我們與戴安娜（Diana）為伍。這兩位女神都擁有變身為貓的能力，阿提米斯與家貓的關係尤其密切，因此希臘人傳說正是祂創造了我們。

我們可不是兩爪空空來到歐洲，而是帶著由埃及人為貓所創造的原型意義，進一步增強我們新守護神的力量。

阿提米斯和戴安娜成了家庭相關領域的保護者，幸福的擔保人和多子多孫的庇祐之神，並且承襲了埃及認為貓與月神相關的傳統，兩位女神也成了月亮的守護神。我們甚至陪著阿提米斯，每晚祂駕著戰車將巨大的銀盤掛上夜空時，一群貓跟在祂身後，吞噬暮光之鼠。

但是，儘管那些女神值得尊敬，卻並不能完全滿足我們的需要。貓與魔法又有什麼樣的關係？希臘人和羅馬人同樣感受到了這一點，因此讓我們與赫卡特（Hecate，又譯黑卡蒂）聯結。這位永恆的奧祕女神掌管著人類能感覺到但卻看不到的神祕事物，祂的力量支配冥界、臨界空間、夢境和魔法的施用。就是祂，蒙受了古典世界所有著名女巫的召喚，包括喀耳刻（Circe）、美狄亞（Medea）和色薩利的女巫（Witches of Thessaly）。赫卡特的神廟經常有貓聚居，這根本不足為奇，尤其是黑貓，因為牠們與女神都喜愛夜晚，因此兩者心有靈犀。

赫卡特甚至收留了一隻惹上麻煩的流浪貓為伴——值得讚揚的就該讚揚，史上記載第一隻獲救的流浪貓出自希臘神話。這隻貓名叫加琳西亞絲（Galinthias），原本是艾克墨妮（Alcmene）的人類女僕。宙斯讓艾克墨妮受孕，生下海格力斯。天后希拉因宙斯不忠而大怒，力圖阻止艾克墨妮生育。但聰明的加琳西亞絲分散女神的注意力，讓祂放鬆控制。為了報復，希拉把加琳西亞絲變成貓。赫卡特從加琳西亞絲的犧牲中看到貓忠心耿耿的完美典範，收留了牠。由此開創了先例，赫卡特的女祭司受到鼓舞，紛紛去尋覓她們的貓知己，因而開創女巫養貓的傳統——請注意，不是讓貓作為「女巫的親信」，而是作為理想的精神伴侶！

不論在非基督教歐洲的哪個地方，全都一樣。遠在歐洲北方的維京人也將我們視為靈性生物，宣稱我們是亞麻色頭髮女神芙蕾雅（Freya）的良伴，這是另一位與家庭幸福和生育相關的女神，祂和祂的貓形影不離。甚至在祂巡迴大地賜福莊稼時，是由牠們拉著祂的馬車在天上穿梭。啊，也許我的讀者會有些困惑。「但是芭芭，芙蕾雅不就是那個率領女武神征戰的兇猛女戰神嗎？」是的，就是祂！

芙蕾雅穿著閃閃發光的盔甲降臨戰場，在戰死沙場的人中，只挑選最英勇的送往天堂。等到戰鬥結束後，祂又會回來掌管家庭。祂的兩面人格或許會讓

名。但使我們的惡名受到最公開宣揚的，是因為我們與聖殿騎士團的關係。聖殿騎士團是十字軍東征的騎士團，因在聖地戰鬥而聲名鵲起，財富和聲望超越了其他兄弟會。這引起了法國國王菲利普四世的嫉妒，他設計一個卑鄙的陰謀：要狠狠地貶斥騎士團，讓他順理成章地逮捕他們，沒收他們的財產。但該怎麼進行？該利用什麼力量，才能打擊這麼受人尊敬的兄弟會，使他們的聲譽受到無法挽回的損害？

他認為可以利用貓。我們成了唯一卑鄙到足以玷污崇高騎士團的力量，在接下來一整套指責聖殿騎士不當行為以打擊他們的鬧劇中，我們扮演主角的角色。他們一直在崇拜化身為黑貓的魔鬼！他們一直在親吻貓屁股！這隻萬惡不赦的貓會引導他們做出種種褻瀆行為，例如踐踏十字架，對著它吐痰！他們以嬰兒獻祭，向貓致敬！每一個都是教人難以接受的指控。然而人類對我們貓族的敵意已經到不共戴天的地步，

任何論證都無法消除空氣中貓的惡臭。當這個有悖常理的造假行為終於結束時，這個曾經擁有上千座堡壘的知名基督教騎士團，成了信仰的棄兒，他們的領袖被送上了火刑柱。

無辜的人被殺害著實悲慘，但不妨想一想：如果僅僅因為與貓廝混就得付出如此高昂的代價，那麼貓這方面又要付出什麼呢？到一三一四年聖殿騎士團遭受火刑時，我們早已被熊熊烈焰吞噬，在整個歐洲都被冷酷無情地扔進火堆裡。那些政治宣傳說服了數百萬人讓他們變成鐵石心腸，相信我們與魔鬼勾結，誰又能唱反調呢？

這就是我們貓族所知的「大清算」，是貓史上最黑暗的時代。彷彿藉著消除愛的記憶，人們就可以透過仇恨達到正統的信仰。基督徒把我們扔進火裡，以淨化自己異教徒的過去。自十二世紀末開始，我們成了迫害的目標，其規模前所未見，在某些地區甚至歷經五百多年而不衰。我們所能做的就是躲

藏、翻垃圾覓食和忍受，那段時期無數世代的貓都知道人類就是折磨者。而且光是折磨還不夠，還將場面打造成公開展示的奇觀，以屠殺我們為神聖的行為，並納入宗教節日的節目，就好像上帝要求人類幫祂根除祂自己創造的生物一樣。

在復活節星期天，人們焚燒大量的貓來慶祝上帝人世之子的復活——在阿爾薩斯（Alsace），我們數以百計的被扔進了火堆。大齋期（Lent，復活節往前推四十天，那天為大齋節首日，從首日至復活節主日，共計四十天）也是屠宰貓的熱門時段，沒有一天沒有某個地方的某個村莊不殺貓。

在皮卡第（Picardy，中世紀指巴黎以北的法國），我們被綁在柱子上，盡可能緩慢地下降到火焰中，以增加戲劇效果，彷彿德行是透過殘酷的程度來衡量似的。當貓痛苦的號叫聲響亮清晰地響起時，主持者要觀眾不必理會，因為我們的號哭只不過是魔鬼的語言。

不過還是可以找到一些反對燒貓的城鎮。啊，還有一些人類相信慈悲？並非如此，他們只是不想浪費柴火罷了。在比利時的伊普爾（Ypres），他們將我們從城裡最高的塔上扔下去摔死，在英國的奧爾布萊頓（Albrighton），則是將我們活活鞭笞至死，人們認為這種儀式非常有趣，甚至還流行一首押韻的打油詩：「天下何事最逍遙？在奧爾布萊頓打貓。」

讓我們在此特別提一下「聖體節」（Corpus Christ）的慶祝活動。人們常以對貓十分凶暴的行為來紀念這個聖事，艾克斯普羅旺斯（Aix-en-Provence）就有一種獨特的野蠻儀式：把當地最漂亮的一隻公貓，用精美的布包裹起來，放在祭壇上，四周擺放著鮮花和薰香，人們來到牠面前鞠躬祈禱，但他們並不是像過去那樣祈求貓的力量。相反地，這隻無辜的貓被當成公共器皿，讓市民們投射他們邪惡的思想和行為——然後透過摧毀牠，來洗滌自己的罪惡。

這隻貓必然感到困惑，但卻不得不任由人類擺布，牠會有什麼樣的念頭？牠的周圍都是人們歡樂的笑臉，牠會不會以為自己終於置身朋友之中？畢竟這些人對待牠很溫柔，照顧牠，甚至還餵牠。到了日落時分，牠被放進一個柳條編成的籃子裡，人們抬著牠穿過城裡。他們要帶牠去哪裡還是個謎，但在他們列隊行進，歡快地吟唱著某些人類智慧雋語時，牠或許依然信任他們。也許牠以為他們會為牠提供一個人類的家，好讓牠能夠安全棲身，得到良好照顧。

但是現在，這奇怪的一天變得更加奇怪了。他們沒有帶牠回家，而是把牠放在……一堆木頭上？接著他們全都開始往後退。他們一定不會打算把牠丟在那裡，在籃子裡吧？答案很快就揭曉了。善意的假象終究消失了，在最後的時刻，牠在那些照顧牠的人臉上瞥見了邪惡。就在那時，火炬點燃了。火焰起得很慢，起先只聞到火種的味道，接下來會發生什麼你很清楚，就不用多說了。又一名受害者被燒死，而罪人的隊伍在整個過程中卻一直歡欣鼓舞，他們相信能藉由這種殘忍的手段，在上帝面前改過自新。

我希望我能安慰你說，這些「慶祝活動」是出於突如其來的瘋狂，而且也會同樣突然地消失。唉，可惜事實並非如此。以法國梅斯（Metz）為例，焚燒貓的行徑始於一三四四年，當時人們指責一隻黑貓造成聖維特斯舞蹈症（Saint Vitus's Dance）爆發。啊，那種奇特的中世紀病痛使人類不由自主表現出喜悅的神色——對中世紀的思想來說是無法容忍的！從此以後，在聖約翰日（St. John's Day，六月二十四日）前夕，十三隻貓就會被吊在籠子裡，然後扔進火堆，以免跳舞的症狀再次發作。

要我告訴你這種盲目的殘忍行為何時停止嗎？一七七三年。是的，整整四百二十九年——代代相傳，孩子就像他的父親和他父親的父親一樣燒貓，一路回溯到連名字都已記不得的祖輩——我們的哀號響徹梅斯。如果你讀到這裡依舊沒有動容，那麼此刻你聽到僅在這個城市已達五千五百七十七隻貓無辜受害，或許你會一掬同情之淚，其中許多貓與你的貓同伴沒有什麼不同。這些貓全都被焚燒了，人們既沒有良心也毫不內疚，只因為梅斯的人民相信：藉著我們的痛苦，可以讓他們不再瘋狂舞蹈。

歷史既苦澀也甜蜜。我告訴你這些

故事是因為必須如此，儘管我知道你聽到這些故事和我講述它們一樣痛苦。在我們這方面，是的，我們知道寬恕，而且人類再次證明他們是我們的朋友。但是記憶會長久地留在意識中，因此當你看到一隻不認識的貓，好心地彎下身體向牠伸出一隻手，卻看到牠飛奔離去時，你應該記住這一點：歷史已經給了我們很好的教訓，陌生人手中握的未必總是愛。

現在聽聽這個卑鄙的故事後來進一步引發了什麼樣的悲劇性轉折吧，為人類誤入歧途的殘忍行為付出代價的可不只由貓來承擔，那些因我們的死而歡呼的人類，沒料到他們施加在我們身上的懲罰最後報應在自己身上，因為在第一次對貓展開大屠殺的一個世紀內，貓背負的污名將招致歐洲的毀滅……「等一等，芭芭，怎麼會這樣？」

人類背叛了與菲力斯的協定，就等於邀請鼠輩重回他們的生活之中。在現代之前的世界裡，即使貓衛士全員編制地出動，和老鼠對陣依舊不太牢靠，何況在我們的數量大幅減少，剩下的貓又遭到放逐的情況下，哦，鼠輩繁衍得多麼興旺！你們對牠們的了解太少了。你知不知道如果任其發展，一對老鼠可以

在三年內生育一百萬個後代？而現在，沒有我們的阻止，牠們以無法想像的氾濫程度住進了你們的城鎮和村莊。平均每戶有十隻老鼠，這表示即使在人類自己家裡，牠們的數量也遠遠超過人類。

牠們摧毀了你們的物品和食品來源，而這只是牠們開場的招數。更糟糕的是牠們帶來的污染，在各個角落傳播疾病和瘟疫。請注意，這些是褐鼠（brown rat），牠們已經夠麻煩了，牠們在非洲的堂兄弟也很快登場。這些黑鼠（black rat）躲在從聖地帶回十字軍的船艙裡，而且這些偷渡者本身也帶著偷渡者：牠們身上的寄生蟲帶著一種歐洲從未有過的瘟疫。老鼠盡職地將寄生蟲從一片田地送到另一片田地，從一個城鎮送到另一個城鎮。人類在一三四七年開始感染疫病，不久就演變出災難性的後果，你們的祖先在可怕的疾病面前畏怯退縮，他們稱之為黑死病。

歐洲反貓戰爭得到了報應，約有二千五百萬人在五年內喪生，三分之一的歐洲人口消失了，但他們仍然沒有得到教訓。想想人類的頑固！即使瘟疫一城又一城地肆虐，滿街都是屍體，人類對我們的仇恨卻絲毫不減。在我們繼續被扔進火堆時，你們獲救的最大希望也

隨之灰飛煙滅。雖然難以想像，但我們的黑暗時代很快就會變得更加黑暗。歐洲會發現一個新的敵人，一個同樣來自古老時代的後裔。她是艾西斯、赫卡特和古代世界其他魔法守護神的女性後裔。儘管我們曾經善意地站在這些女神身邊，如今卻和他們稱之為女巫的同受詛咒。

　　瘟疫仍在肆虐，女巫出場了，並在接下來的三個世紀裡為火堆提供了充足的燃料。除了已經遭到指控的瀆神異端這個基本罪名外，又再加上了施用魔法和毫不隱瞞的性能力，於是女巫引起的轟動，遠遠超過了這一切的總和。再加上貓？哦，天哪，是的，我們是理想的陪襯。女巫和貓都是黑夜的生物，再想想長久以來我們與魔法的關聯，人們確定我們一定與她的力量有某種聯繫。有些說法甚至聲稱，在女巫的安息日，魔鬼不是以山羊或公羊或其牠任何現代觀念中的形象出現，而是變身為一隻大公貓。完美的一對，貓和女巫。就像兩股邪惡的力量水乳交融，兩者缺一就不完整，但兩者聯合起來，就放大了各自對基督教世界構成的威脅。

　　在那種興論宣傳下，許多涉及貓和女巫的指控卻顯得有點乏味，無非是反異端戰爭中一再重複的指控。我們談論的是所有貓主人都必定會注意的單純問題；毫無疑問，你肯定對我們的日常任務熟悉得很，比如為了向我們致敬而以嬰兒獻祭，參加不聖潔的集會，以及親吻我們尾巴的下方。不過在濕冷不祥的夜晚，女巫還會在血紅的月亮下醞釀新的事物。貓逐漸與女巫建立了親密的聯結，而這是我們以前從未與異教徒建立過的。只要說到巫術，我們就被塑造成供女巫使喚的寵僕妖精，是女巫本人身體和力量的延伸。

　　根據魔鬼的計畫，他設計出寵僕的角色，讓我們可以為他的女巫大軍提供特別的幫助。嬌小的身材和隱祕的行動是我們的優勢，在女人無法隱密行動之處，我們可以不招人注意，因而能擔任謹慎的耳目。但這只是我們最小的用處，人們認為我們還擁有自己的魔法天賦。藉著與我們的女主人交流，我們可以增強她的力量，我們的毛皮或爪子的碎片都能用來製作靈藥，為女巫提供千里眼、隱形和控制天氣等多種能力。

　　你知道女巫甚至可以幻化成她的動物寵僕的形態嗎？想像一下她可能造成的破壞，假如她以這種方式偽裝身分，便能自在漫遊，並且隨她小小的黑心之

所欲，作出任何惡作劇。好像當時的貓活得還不夠艱難似的，這種新的妄想催生了特別令人厭惡的信念，以為傷害可疑的貓，就能揭穿女巫的面具。人們的想法是這樣的，我們可以攻擊某隻可疑的貓，如果第二天當地任一婦女身上的相對位置出現傷口，那麼就可以確認她的女巫身分。啊，是的，這又是一個需要注意的危險，也促使我們要完全避開人類。

在我們聽聽歐洲惡魔學家的說法之前，不能說清算已經結束。在那段日子裡，那些歇斯底里的長篇大論真有人信。他們宣稱情況比任何人想像的還要嚴重，因為貓遭到惡魔附身的風險尤其大。嚇！《大法師》（*The Exorcist*）怎麼會漏掉這一點呢？儘管這指控如今聽來非常荒謬，但在當時，人們認為惡魔可以附身在各種生物身上，而我們在整個動物王國中，是最容易控制的。按照當時瘋狂的邏輯，這說得通。畢竟，我們侍奉魔鬼，所以為什麼會不樂意把我們的身體獻給他的爪牙呢？

我們同時處於力量的頂峰和絕望的深淵，儘管你們人類相信我們擁有強大的能力，但我們卻無能保護自己，而且實際上還因此受到了更多的懲罰。我們

的罪行可能包括謀殺，許多女巫承認讓貓來完成這項任務。當然，這些女人已經被折磨到崩潰的邊緣，任何能讓她們從拷問臺上的折磨中得到片刻喘息的自白，她們都會默認。但無論可信與否，她們的證詞都使得信仰的狂熱更加堅定，進一步加劇了針對我們的折磨。

如果你認為情況不會更糟了，不妨再想想。一四八四年是對貓的惡行史上最輝煌的一年，當時梵蒂岡宣布我們和女巫一樣，對巫術的邪惡負有責任，並下令我們應該和她們一起被燒死。從此以後，任何與疑似女巫者同住的貓，都將承受她命運的恥辱。如果被告沒有貓呢？她最好盡快弄一隻來，以免審訊者不相信她的供詞。任何她能想到的貓都可能受到牽連，被送上絕路，就連在當地街頭遊蕩，根本不認識她的貓也一樣。她們的證詞導致我同類更多的死亡，但我不會責怪這些受折磨的靈魂。她們和我們一樣，都是扭曲信仰的受害者，當現實徹底淪為極度的痛苦時，她們被逼瘋了。解脫終會到來，但只會以死亡的形式，人們會把女巫和任何毫無戒心卻被她指為同謀的貓，一起綁在火刑柱上。

現在再想想這或許是最殘酷的轉折

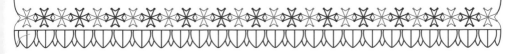

了吧。最有可能對我們表現出同情心的，是尋覓陪伴者的年長未婚女性。啊，你知道那種人！你現在會開玩笑說她們是瘋狂的貓女士──但那時候可不是鬧著玩的。她們這個群體被迫處於社會的邊緣，她們的性別和卑微的地位，使她們無法抵禦使用巫術的罪名。她們對當地貓的善行雖然證明了她們內心的善良，可是一旦遭到指控，這些行為反而成了她們的罪證。一隻受苦的動物和

一個孤獨的人，一對被社會拋棄的同伴，在這個邪惡的世界中彼此提供一點安慰，卻眼睜睜看著愛的表示變成了對雙方的死刑判決。還有比以殺戮回報良善更黑暗的時代嗎？

但這也是個由一些人類最聰明的心智組成的時代。你們的大城市正轉變為充滿活力的知識論述和全面的文化變革中心。在文藝復興時期那些有遠見的思想家，必定會嚴厲譴責施加在無助的貓

身上的恐怖行為吧。比如像莎士比亞這樣的人會怎樣看待我們呢？他確實在作品中加入了貓……但卻破天荒喪失了創意，竟讓我們扮演了在所有角色中最容易預測的一個，成了《馬克白》劇中女巫的同伴。至少在倫敦這個異教城市，他的女王在加冕典禮上給了我們一個位置。這是真的——我們很榮幸地參加了伊麗莎白的登基典禮，而且位於十分重要的位置……裝在用柳條編成的假人

中，然後被一把火點燃，展現英國新教信仰的明確力量。

那麼，作為歐洲大陸知性之都的巴黎呢？在當時有「詩人王子」之稱的皮耶‧德‧龍薩（Pierre de Ronsard），他倍受敬重，甚至皇宮也撥了一組套房給他。他寫下了這些句子：「世界上沒有一個人像我這樣痛恨貓……我討厭牠們的眼睛，牠們的眉毛，牠們的凝視。」而且宮廷裡沒有多少人會反對這種觀

點，因為在格雷夫廣場（Place de Grève）舉行的仲夏慶典上，幾籃子的貓被掛在高高的桿子上，在歡呼的人群面前焚燒。你是否好奇：誰會參加這種虐待狂的場面？毫無疑問是烏合之眾吧？是的——如果這就是你對法國國王的看法。這是真的，據說亨利四世特別喜歡聽我們痛苦的號叫。至於太陽王路易十四，這位領導國家強盛，締造輝煌時代的君主，他不僅頭上戴著玫瑰花環在一旁觀看，在一六四八年，他還親自點火。

好吧，那麼哲學家呢？那些研究更宏大存在問題的頭腦會贊同對活生生的動物如此的殘忍嗎？讓我們看看當時最偉大的思想家笛卡爾。他為啟蒙運動鋪了路，但他本人卻沒有這麼開明。就他的例子而言，至少我們還有同伴，因為他詆毀的不只有貓，他宣稱所有動物都缺乏靈魂，因而缺乏推理甚至感覺的能力。我們等於是一大批精製的機器，我們的行為是一種複雜的模仿。這位時代的巨人為了證明他的觀點，把一隻活貓扔出窗外。無助的牠害怕地號叫起來，重重地摔落在下面的街道上，在牠痛苦地扭動時，笛卡爾為牠能如此逼真地模仿真

實的感覺而興高采烈。

也許我們應該碰碰運氣，聽聽科學家的想法？他們受過客觀思想的訓練，能不能看穿這些謬見？實際上他們讓情況變得更糟。當時的醫師建議，人們必須警惕的不僅是貓的巫術，因為我們還擁有某些更危險的物理特性。神聖羅馬帝國皇帝馬克西米利安二世（Maximilian II）的私人醫師皮耶特羅・安德瑞亞・馬提歐利（Pietro Andrea Mattioli）就警告說，貓會傳播麻瘋病。同時，文藝復興時期頂尖的外科醫師安布羅斯・帕雷（Ambrose Paré）則說，我們的呼吸、毛髮和大腦都有毒，從中產生的霧氣會從我們的嘴巴逸出，就像小小的煙囪排出有毒氣體一樣。一旦吸入，會導致肺結核，你們之中允許我們同床的人一定已經發現自己有結核病了吧。沒有？奇怪，帕雷向他的讀者保證，如果他們睡在貓附近，後果就是這樣。

在貓和人可以安心一起生活的現代世界裡，重述這段歷史實在令人氣憤，我相信讀者希望我結束這段醜惡的歷史。「芭芭，你能不能給我們提供一些能代表人貓之間彼此友愛的正

面故事？」可以。有一些美麗的傳說流傳下來，這些暖心的故事正面挑戰了仇貓者散布的迷思。

你聽說過一隻非常勇敢的貓和牠的同伴窮小子迪克・惠廷頓（Dick Whittington）嗎？這個故事講到異國他鄉和遠方的一位國王，據說這隻貓靠著牠的聰明才智獲得非常多的黃金財富，因此牠的人類同伴變得富有，而且還當選了倫敦市長。這個故事被一再地講述，非常受人歡迎，因此在倫敦豎立起一座紀念這隻貓的雕像，迄今仍然屹立如初。這個故事激勵了其他敢承認我們良善的人。

這些人中包括了喬瓦尼・史特拉帕羅拉（Giovanni Straparola），他在十六世紀根據上述故事的主題，用義大利文寫下一個幻想故事，說有個貧窮的男孩繼承了遺產，只是這遺產不過是隻小貓。呃，這筆財產無足輕重吧？並非如此！這隻貓非常聰明，精心策畫一連串的計謀，終於讓這個男孩加冕為王子。這個故事同樣經過反覆講述，人們開始用特定的名字來稱呼它：Il gatto con gli stivali。或者用英文是the cat with boots（穿長靴的貓）。好吧，我想你可以猜到接下來的部分了。一個世紀後，夏

爾・佩羅（Charles Perrault）用法文編寫他自己的版本，而〈穿長靴的貓〉（*Puss in Boots*）將成為貓文學中永恆的經典之作。

這些當然都是迷人的故事，但我再次感到有人持反對意見。畢竟，它們不過是傳說，你想要知道的是有血有肉、有毛有爪的貓。你最終希望聽到可以彌補人類罪過的真貓故事。啊，朋友們，在那個時代很難愛上貓——不過我應該指出，要貓愛上人至少也挺困難的，所以這種故事非常罕見。但如果搜尋得夠努力，還是可以找得到。要是講一些不顧大眾的審查、公開表達喜愛我們的傑出人物的故事，能讓你開心，那我非常樂意。

佩脫拉克（Petrarch）就是其中之一！這位文藝復興早期的偉大作家竟敢在他的同代人類焚燒我們之際，向一隻貓獻上自己的愛，這樣的愛如此真誠，因此在他的貓同伴去世後，詩人陷入了深沉的哀痛之中。為了撫慰悲傷，他堅持把牠的小身體放在家裡的玻璃匣裡，這無疑引起了一些人的質疑。他在玻璃匣蓋子上題詞，將他的愛貓比作啟發他詩歌靈感的繆斯女神。我敢說那些人若是知道，一定會更驚詫。佩脫拉克並不

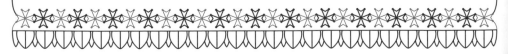

WHITTINGTON STONE

SIR

RICHARD WHITTINGTON
THRICE LORD MAYOR
OF LONDON

1397 RICHARD II
HENRY IV
1406 HENRY V
1420 HENRY
RIFF IN 1393

是唯一一位愛貓的文藝復興詩人。在法國，約阿希姆・杜・貝萊（Joachim du Bellay）則以一隻名叫貝勞德（Belaud）的虎斑貓為伴，並在牠死後為牠撰寫了長達兩百詩節的墓誌銘，稱牠為「大自然最美麗的傑作」，此舉不亞於古人向我們承諾過的不朽。

在我們的支持者中，我還可以舉出一位更偉大的人物。

被你們尊為哲人的米歇爾・德・蒙田（Michel de Montaigne），他的一百零七卷《隨筆集》（Essays）囊括了他那個時代最有影響力的思想，但在我們貓的心裡，他是歷史上最偉大的貓咪擁護者之一。他的溫柔體貼和洞察力遠超過同時代人，對我們敏捷的智慧毫不懷疑。其實在這個課題上，他從自己的天才伴侶貓浮華夫人（Madame Vanité）那裡獲得私人指導。蒙田認為我們兩個物種是平等的，這想法在當時可能是名副其實的異端。他是第一個戳破人貓關係表象的人類，提出誰才是真正的支配者時，將真相攤開來讓所有的人都看到。他問道：「當我和我的貓玩耍時，難道不是牠在逗弄我，多於我逗弄牠？」

這裡還有另一件教你驚奇的事：儘管基督教對貓抱著敵意，但教士中依舊有捍衛我們的鬥士。這些上帝真正的僕人當中，包括了紅衣主教沃爾西（Cardinal Wolsey），一五一四至一五三〇年的約克大主教和英格蘭主教長。他的貓對他來說無比珍貴，因此即使在重要的謁見拜會，他仍明目張膽地容許牠們在他的腿上嬉戲。這當然教人震驚，威尼斯的使節評論說，自羅馬帝國暴君卡利古拉（Caligula）以來，從未見過如此嚴重的變態行為，但沃爾西一點也不在乎。可惜他後來倒臺，被逐而死，不過他對貓的喜好並不是他失寵的罪魁禍首。亨利八世拜倒在安妮・博林（Anne Boleyn）的裙下，想要擺脫他的妻子，並指示這位紅衣主教為他爭取離婚。可是沃爾西未能說服梵蒂岡同意，於是他被控叛國，頭銜也遭到剝奪。所以你看吧，他垮臺的罪魁禍首是人類的色慾，在歷史上這已經得到證明，色慾對你們人類而言是比貓更強大的敵人。

但有一點我可以向你保證：如果沃爾西的貓有任何方法能將他從動亂中解救出來，牠們一定會這樣做的，而且事實上，牠們可能已經盡力了。在那些黑暗的日子裡，我們從沒有忘記這麼一位朋友。在貓史上最偉大的忠誠典範，不得不提到某些特別的貓，牠們超脫了悲慘時代的仇恨和壓迫，為疼愛牠們的人採取英勇的行動。

以英國朝臣亨利・懷亞特（Henry Wyatt）爵士為例。一四八三年，他因公開支持亨利八世的父親亨利・都鐸（Henry Tudor）和在位的國王理查三世（King Richard III）爭奪王位，而以叛國罪名被捕。他被關在倫敦塔，那裡是個等死的地方，事實上他已經快要餓死了。但沒那麼快！在他絕望的時刻，懷亞特看到一隻在牢房裡流浪的母貓，他疼愛這隻流浪貓，提供了他僅存的禮物，他的友誼——說得好像我們中有任何一隻貓曾向人類提出更多要求似的。懷亞特只希望牠這位毛茸茸的訪客能在他最後的孤單日子裡給他一點安慰——他做夢也沒想到牠會是自己的救星。

這隻貓漸漸地每天都會回來，帶著地上抓來的鴿子當食物。在寒冷的夜晚，牠爬到懷亞特的懷裡，好讓他在冰冷的牢房裡取暖。藉由這隻貓的奉獻，他在囚禁中才能存活，兩年後亨利・都鐸加冕成為國王，懷亞特終於重見天日。而懷亞特也還了貓的人情債，帶走了這隻曾經如此忠誠地照顧他的貓，並

在肯特（Kent）為這隻救他一命的英勇同伴建造一座石碑。

這可不是唯一一隻拯救倫敦塔囚犯的貓。可惡的伊麗莎白女王後來為她在加冕典禮上燒貓而得到了某種程度的報應，這要歸功於翠克西（Trixie），牠是南安普頓亨利・瑞奧特斯利（Henry Wriothesley）伯爵三世的同伴。他在一六〇一年因為支持反抗王權的叛亂，而被關在倫敦塔裡，遠離可能援助他的人……只除了一個。勇敢的翠克西設法找到了被囚禁在牢房裡的人類同伴，並展開走私食物的祕密行動。兩年之中，牠的付出讓可憐的亨利苟延殘喘。牠忠誠的行動證明了牠的崇高情操。一六〇三年伯爵獲釋後，牠獲得了對當時的貓來說非常罕見的榮譽：被畫進肖像畫裡，自豪地坐在伯爵身邊。

為這樣忠誠的貓大聲歡呼吧！我們是否可以假設，藉由展現這樣的美德有助於消除人們對貓的負面刻板印象，最終還我們清白？沒那麼簡單。人類的態度改變得很慢，你們中有許多人還頑固地堅持我們很邪惡，有些地區時間甚至持續得更久。僅僅一個世紀以前，歐洲偏遠地區的人們還流傳著女巫變成貓，或是邪惡貓王統治我們眾貓的故事，白

天這個貓王就像普通的貓，可是一到晚上……嗯，那就是牠施展魔鬼力量的時候，天黑之後外出的人最好小心點，因為誰也不知道牠會藏在什麼地方。

到十九世紀末，關於貓被惡魔附身的信仰甚至跨越大西洋。一八九七年就有一隻在俄亥俄州的瑞奇菲德中心（Richfield Center）作祟，雖然那個城鎮設法擺脫了魔鬼的爪子，但不久就輪到賓州的斯庫爾基哈芬（Schuylkill Haven）面對魔鬼（貓）的眼睛了。這事始於當地的一隻母貓生下了一窩小貓，表面上看來非常單純，可是當地居民可不是吃素的，他們知道這一定有問題。他們注意到當天的日期——一九〇六年六月六日——而且剛好有六隻小貓出生，第六隻恰好是黑貓。這可是非常多的六，如果把它們全部加起來，你得到的數字絕不少於聖經上的獸名數目（Number of the Beast，最廣為人知的數目是666）。

讖言似乎應驗了，有一隻疑似偽裝成女巫或魔鬼的大黑貓開始在夜裡出現，在當地農場周圍徘徊。不祥的凶兆流傳開來：據說大黑貓靠近時，母雞會像公雞一樣啼叫，豬則像狗一樣狂吠。當小貓出生之處的地主突然暴斃時，故

事來到高潮。驗屍官無法確定他的死因，但當地人一口咬定是他們所說的那隻「妖貓」（Hex Cat）作祟，害死了這個人。

居民成立武裝隊伍，前往森林尋找這個邪惡的敵人。他們的步槍裝滿了用熔化的黃金鑄造的子彈——雖然很大手筆，但顯然有效，因為即使他們開槍並沒有擊中目標，貓還是逃了，再也沒有人看過牠。鎮民的解釋是，這隻惡魔貓被他們信仰的力量嚇跑了。或者換一個解釋，我們是否可以推測這隻普通的流浪貓離開此地，是為了尋找一個不會被鄉巴佬射殺的城鎮安居？

與發生在華府的邪惡事件相比，這些事件都是小巫見大巫。就在我們被當作魔鬼爪牙的一千多年後，所有惡魔貓中最可怕的一隻終於從地窖裡被召喚出來——在本例中是美國國會大廈的地下室。一八五〇年代，國會大廈正在建設新的圓頂，致使大量鼠輩湧入。在你還來不及質疑這個詞是否一語雙關地指涉民選官員時，讓我明確說明，我指的是老鼠入侵。於是人們把捉來的野貓放進地下室打擊鼠輩，但不到十年，據稱有一隻非同尋常的貓在各廳室裡逡巡。

這妖魔一身漆黑，但乍看之下和普

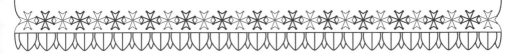

通的家貓沒什麼不同，要不是牠那雙閃閃發光的紅眼睛，也不致引起過度的恐慌。這兩隻眼睛被證明是進一步惡魔化的徵兆，這隻貓連續幾個晚上都會回來，而且變得越來越大，越來越具有威脅性，直到牠的利牙閃閃發光，爪子熠熠生輝，變成了一隻兇猛的黑豹。當驚恐的維修人員散布怪物出現的消息時，這可怕的幽靈卻神祕地消失了。幾個月後牠再次出現，接著是一次次消失和重

新出現的把戲。

　　謠言就此傳開，但他們可沒說無聊的夜班工作人員喝了多少私釀的威士忌或其他酒，因而誘發這類的幻覺。相反地，他們講述了這個恐怖得不能再恐怖

的傳言，人人都知道，有一隻被放進國會大廈捕鼠的貓體內帶著……惡魔！哦，拜託，會有人相信這樣的事嗎？正當美國準備在世界舞臺上扮演主角時，坐在其權力寶座上的人難道會這麼輕易

上當，相信他們的國會大廈被貓的幻象騷擾？

如果你提出這個疑問，那你恐怕還沒有學到教訓。是的，他們相信了！並且還持續了幾十年。新聞記者傳播了這個消息，即使他們自己從未見過，而且證據也很可疑，他們還是炮製了一張素描，畫著一隻牙齒非常銳利的巨貓在大廳裡追逐工人，以此當作證據提供給容易受騙的社會大眾。教人失望的是，由於缺乏創意，這個幽靈被命名為D.C.，意思是惡魔貓（Demonic Cat）和哥倫比亞特區（District of Columbia）的縮寫，它成為國會大廈主要的傳說，幾乎和參議員一樣出名。

為免你單純得將這一切都當成開玩笑，你要知道對權威人士來說，這可是天大的事。他們竊竊私語談論與這野獸有關的消息，因為牠似乎總在天災發生之前出現。他們擔憂地提到可怕的洪水淹沒賓州、颶風侵襲德州、地震搖撼舊金山，以及其他許多其他魔鬼所造成的悲劇，事前都有人目擊到這隻巨貓。「貓是不是先兆？」他們問道，「還是因為牠的存在才造成這些災難？」或者──那會不會是不肯消失的古老誣蔑，現代人不當真？他們沒有問這個問題，因為太多人仍然認為貓與邪惡有所牽扯再自然不過了。

對你們人類來說，信念是頑固的。幾個世紀以來的壓迫到此時已經延續了千年。然而我們貓如果沒有毅力，就什麼都不是，在我們之中也有拒絕屈服暴政的貓。牠們夢想有一個地方，黑暗時代的陰沉烏雲終將消散，讓貓可以再次沐浴在愛與接納的溫暖光輝中。這不是夢！這樣的地方確實存在，在這個我們得以喘息的地方，人類拋開偏見，接受了我們自身的價值。

啊，或許那是一個祕密的貓天堂？

嗯，不完全是，因為它也充滿了危險和挑戰，而且這條路本身就十分危險，只有歐洲最堅強的貓有勇氣走。那個地方就是大海。我們乘船來到歐洲，在黑暗時代，最偉大的貓咪冒險家又開始登上船隻。牠們並不是要回到曾經擁抱過我們的世界，因為那個世界早已不復存在。相反地，牠們冒險航行到浩瀚的未知世界追尋自由。因此，讓我們拋開這些悲傷的日子，起錨吧！和我一起跟隨那些好勝貓咪的旅程，牠們敢於夢想，不是逃避到更碧綠的草原，而是越過遼闊的藍色海洋。

———— ● ————

在歐洲的成功與悲劇：貓帝國的興衰

"HEX" CAT FAILS TO TURN UP TO BE SHOT WITH A GOLD BULLET

POTTSVILLE, Pa., Oct. 6.—Failure of the celebrated "hex," or witch cat, to turn up at the home of Miss Mary Isabella Thomas delayed his execution by means of shooting with a golden bullet, the only simon-pure method, according to the credulous, of effectively dispatching a feline capable of expanding to a height of four feet and contracting to the normal at will.

In the seriously expressed belief of the members of the Thomas family and of many of the superstitious dwellers in Tumbling Run valley, this "hex" cat caused the death of Howell Thomas, whose funeral occurred here today, and the fear engendered by the influence of the beast, which has probably become disgusted with the childishness of the Thomases and sought a home among more sensible people, has induced Miss Mary Thomas to move from the "haunted" house in which her father died.

A curious development today was the reconciliation of Miss Thomas with her sister, Mrs. Sarah Potts, of Orwigsburg, whom she at first charged with being the director of the operations of the "hex" cat. This return to the sisterly relations was ratified by an invitation from Mrs. Potts for Miss Thomas to become a member of her family circle. Miss Thomas declined, however, and is now at the home of a neighbor.

Gives Aid to Strkers.

Sometimes liver, kidneys and bowels seem to go on a strike and refuse to work right. Then you need those pleasant little strike-breakers—Dr. King's New Life Pills—to give them natural aid and gently compel proper action. Excellent health soon follows. Try them. 25c at all druggists.

—Herald Want Ads Bring Quick Results.

左頁．穿靴子的貓神氣十足地佇立著，一如牠在貓文學中應有的地位：這是法國畫家夏爾·埃米爾·貫克（Charles Emile Jacques）於一八四一年繪製的〈穿靴子的貓〉版畫。這個故事最著名的版本是夏爾·佩羅的作品，但幾乎每一種語言都有同樣的故事，甚至被拍成電影。這是真正的傳奇！

上圖．我們貓族向來都沒有準時的名聲，因此這則剪報說在賓州小鎮作祟的「妖貓」沒有準時出現，應該是意料中事，尤其這個預定的時間是要用黃金子彈槍斃牠的時候。剪報是取自一九一一年十月六日賓州新堡先驅報（New Castle Herald）。

lice would not let her.

DEMON CAT

Causing All the Sickness and Trouble at Richfield Center, Ohio.

SPECIAL DISPATCH TO THE ENQUIRER

TOLEDO, OHIO, January 21.—The inclement weather here to-day has prevented any investigator from driving to the bewitched community of Richfield Center, 22 miles west of Toledo. A farmer named Henry Niemen came to this city, however, and fully corroborated the strange story told last night by Farmer Miller when he came to this city to ask for aid. Everything about the case sounds like a story from the days of Salem witchcraft, the sick now numbering the majority of individuals in 20 families. All claim to have been visited by a demon cat, after which they are simply wasted away by a disease that makes them indifferent to life itself. This cat, by the way, has been hunted with the belief that its death would kill the witch who is making the trouble. All other "witch signs" are said to be present. Many cattle have died, and some that are living give bloody milk, feather wreaths in pillows and beds, and one woman has burned 10 pounds of them which she claims had formed a wreath as hard as stone. The sick claim to be unable to stay in their beds, and sleep in the kitchen and living rooms. One man took his entire family to his barn, but were chased back by the demon cat. Miller's relatives, who went back with him to nurse the sick, first visited a priest, who is said to have given them directions for laying the evil spirit.

THAT DEMON CAT.

Mysterious Thing That Continues to Haunt the People of Richfield Center, O.

A special to the Cleveland Plain Dealer from Toledo, O., says: Additional details from the bewitched community of Richfield Center were brought to this city today by Henry Niemen, which fully corroborate the strange story told by A. M. Miller yesterday. Whatever the cause, the whole town, or at least the larger German element in the village, is as thoroughly stampeded as a drove of wild cattle.

Miller, although in what seemed nearly a dying condition himself, came to Toledo last night to nurse some relatives of his stricken family, which consists of his wife and four sons. They, together with 20 other families, feel that they have been bewitched and unless help can be given them in some manner there will be many human deaths, just as cattle have already wasted away and died.

Before Miller's relatives accompanied him last night they visited a priest, who in all seriousness gave them rules for exorcising and "laying" the evil spirit, just as would have been done 200 years ago.

None of the elements is missing from the story, according to the accounts given by Miller and Niemen. The community is haunted by a demon cat and the sick aver, in all honesty, that the visits of the cat precede the demoniacal possession. This cat has been hunted in every manner, for it is believed that its death would result in the death of the witch.

Peculiarity of the Disease.

A peculiarity of the disease is the fact that many of the sick cannot remain in their rooms. They have made their beds in the kitchen and living rooms, while one man, named Woolson, moved his entire family to the barn in the hope of escaping this symptom. This was to no avail, as the dreaded cat still followed them, and the Woolson family returned in despair to the house, where they are all extremely ill. Cattle affected give bloody milk, which has long been recognized as an infallible "witch sign."

Another sign that is not wanting is the "wreathing" of feathers. Miller says that his wife has burned over 10 pounds, in the hope of breaking the spell. The feathers wreathed themselves in hard shapes, and one man reported the same prenomenon in the case of a bundle of shavings that he had brought to the house from the barn.

It is thought that the water in the locality is bad, which would account for the fact that both people and cattle are affected. The sick, however, do not show typhoid symptoms, but simply waste away, and after once affected the sick show an utter indifference whether they get well or die.

The strange part of the case is the fact that this trouble has been going on for over a month without attracting outside attention. Richfield Center is 22 miles from Toledo and not on any railroad. The inclement weather here has prevented any investigators from undertaking the long ride to the town to-day.

上圖・俄亥俄州瑞奇菲德中心在一八九七年出了亂子。瘟疫和邪惡！人們得了無法診斷的疾病，乳牛產的牛奶中混有血。報社記者來到城裡採訪，告訴全州的讀者說一切都是……一隻流浪貓的錯？

右頁・哦，在人類占上風的時候，你們多喜歡玩啊，但看看風水輪流轉時，你們是怎麼逃跑的。這篇一八九八年的新聞報導配有漫畫家筆下的華府惡魔貓，作祟美國首都最傳奇的幽靈。

Watchman and Other Employes Tell Peculiar Stories About Uncanny Doings at Night—Demon Cat and Her Escort.

According to the Washington correspondent of the *Chicago Inter Ocean*, the demon cat has reappeared at the capitol, spreading terror among the employes. The capitol is most prolific in such apparitions, no less than 15 ghosts claiming it as their heritage. But of them all the demon cat is the most horrible. It possesses much more remarkable features than any of the others, inasmuch as it has the appearance of an ordinary pussy when first seen, and presently swells up to the size of an elephant before the eyes of the terrified observer.

The demon cat, in whose regard testimony of the utmost seeming authenticity was put on record 35 years ago, has been missing since 1892. One of the watchman on duty in the building shot at it then, and it disappeared. Since then, until now, nothing more had been heard of it, though one or two of the older policemen of the capitol force still speak of the spectral animal in awed whispers.

THE DEMON CAT.

109

大出走

歷代偉大的航海貓

（以及其他貓英雄！）

西方歷史上這麼多世紀加諸於我們身上的巨大壓迫，讓我們只剩一個逃脫的辦法，而且成功的機會渺茫。但登船出海的貓不畏艱險，出發前往牠們可能得到尊重甚至愛的地方。隨著人類城市在遠處一閃而過，消失在地平線上，洶湧的海浪刷洗掉了巫術和惡魔的指控，舊世界偏見的枷鎖被拋擲一旁。適應水手的生活絕非易事，但完成轉變的貓不僅獲得了與其他動物平等的地位——我敢說甚至也與人類平起平坐。

貓在船上生活可能讓你感到驚訝，但其實早在古羅馬，我們就在航行了。腓尼基人帶我們乘著槳帆船穿越地中海，但早在那之前許久，埃及貴族就已經和我們乘坐小帆船出行。那些是不同的時代，我們在橫渡尼羅河的船隊裡是貴賓。但在後來那段黑暗的日子裡，一切都不容易，在那些從歐洲港口出發送我們出海的船上，我們得努力幹活才能維持生計。

不出所料，我們被指派去控制囓齒動物。船是木製的，有裂縫，為老鼠提供方便的入口。老鼠會對食物造成重大破壞，讓全體船員面臨飢餓的危險。這是很嚴重的事，水手都明白他們對我們的依賴程度。沒有船員會在沒有貓的情況下冒險出航，有時候船上甚至不止一隻貓。因此你們的大航海時代同樣變成了貓族擴張的時代。當你們在世界各地殖民時，我們也在你們的身邊開疆拓土，很多貓的殖民地建在遙遠的港口，讓有需要的船隻可以利用我們的服務。

對航海的人來說，我們不僅是害蟲控制系統。他們和我們親密相處，因此了解貓的真相。雖然我們在他們家鄉可能仍被認為是女巫的幫凶，但在公海上我們是朋友。由於大海是嚴苛的教師，所以水手經常需要朋友，也因此世世代代的水手對貓的喜愛也反映在航海的術語中。甲板上方的通道叫做「貓道」（catwalk），「船貓生小貓了」（the ship's cat kittened）則是水手下班時常說的話。還有不少例子，比如行為不檢的船員可能會挨「九尾貓」（cat-o'-nine-tails）——這是英國海軍使用的術語，描述一種多股的鞭子（九尾鞭），荷蘭和西班牙也有類似的說法，在這些地方的水手也需要有一點貓的紀律。

水手也發現我們擁有許多意想不到的技能，因此我們派上用場的機會更多。比如我們成了預測天氣變化的可靠工具。「胡說，芭芭，這不過是船上的

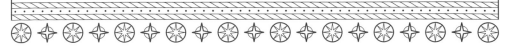

迷信吧？」在你下評論之前，請記住我們貓對自然的敏銳度遠遠超過人類。在還沒有現代氣象設備的時候，我們對氣壓變化的敏感可能與當時的任何科技一樣準確，甚至更準確。根據常見的理論，如果船上的貓尾巴向上豎直，接下來四十八小時都會是晴朗的天氣，而如果貓尾巴下垂，則暴風雨即將來臨。當然，每一隻貓都可能用自己獨特的一套習慣動作和姿勢來傳達牠的預報，但好水手知道其中要旨：只要他能看得懂他的貓，就能看得懂天氣！

大家也十分尊重我們作為導航員的天賦。如果你懷疑專業水手是否會尋求貓的指導，請記住，我們可是以出色的返家本能聞名。畢竟，我們從院子裡消失時，緊張的是你們——我們並不擔心，因為我們有絕對的信心可以找到回家的路。在公海上碰到能見度為零的情況時，有見識的船長可能會借助船貓的智慧，希望牠千錘百鍊的方向感能夠把船引向正確的航道。

不相信嗎？我舉美國貨船艾利可湖號（*Lake Eliko*）船員的命運為戒。一九二〇年二月，這艘船停泊在蘇格蘭的港口格蘭奇茅斯（Grangemouth）外，十一名水手乘小艇上岸休假，還帶著他們的貓泰比（Tabby）。當晚他們要返回船上時，卻意外遇上了風暴。海浪猛烈地升到最高點！他們的小艇像玩具般在水中搖晃！人和貓都被扔進波濤洶湧的水中！可怕的雨水打在他們的臉上，這些人絕望地掙扎著，漆黑的夜覆蓋了船和海岸，他們不知道該往哪裡去。

但黑暗中傳來了聲音。在漩渦中冒出熟悉的喵聲。水手們努力瞪大眼睛，只看到泰比向前游去，並喚他們跟上。竟然相信貓？你還在懷疑嗎？在生死關頭，十一個人中有九個人急忙跟著泰比，安全地回到船上。至於另外兩個人？如果你還懷疑貓在大海中導航的能力，不妨直接問那兩個人好了。你可以在海底找到他們。

當然，並不是每隻貓都能適應航海生活，但有足夠勇氣和毅力的貓都會愛上它，甚至有記載說，有些貓不肯再踏上陸地。你問這樣的貓能旅行多遠？哦，七大洋能帶牠們走多遠，牠們就走多遠。雖然貓本身很少（好吧，從來沒有）保留旅行日誌，但我們可以把特魯班桃太公主（Princess Truban Tao-Tai）這位現代航海里程的領軍者，當成一個望塵莫及的參考。這隻混種暹羅貓在一九五九年加入礦石運輸船薩加摩爾號

（SS *Sagamore*）的船員行列，在海上度過了二十多年，創下的航行紀錄是……你要不要猜猜看？

教人咋舌的一百五十萬英里！

我們是不是應該換個說法，以便更清楚地了解這個數字所代表的意義？這個距離，相當於在紐約和倫敦之間航行四百多次，或者在地球和月球之間來回往返三次。當然，在海上度過一生自然會創造出一種不同的貓。一位迷上這個課題的記者向讀者解釋：「船上的貓獨立自主，自給自足，和一般的貓完全不同，就如航海的人與他的旱鴨子兄弟姊妹不同。」同時，馬賽的一位船長告訴另一位好奇的作家說，在我們航海貓中，有些對航海產生的熱情實在太強烈了，所以要是船隻到達港口後停留太久，那麼，時不我待，我們乾脆跳上下一艘出海的船走了。由於這種貓習慣一時興起就換船，因此被水手稱為「碼頭跳躍者」，或者「海上漫遊者」。

但也有很多貓只忠於一艘船和船員，即使面對巨大的逆境，牠們依舊經常展現出神祕的能力，留在牠們的船上。「牠們很了不起，」同一位船長繼續說，「牠們似乎本能就知道船隻何時會離開港口。我曾見過有些貓在我們靠岸幾分鐘後就消失在舷梯下，直到就要開航前才再次出現。我還聽說過牠們在一個港口下船，然後在地球的另一頭再度上船。」當然，任何了解貓的人都知道我們有可能恰逢其時地趕上船，但我相信你一定會嘲笑後一種說法，覺得那是浪漫的誇張。畢竟，在一個港口與船失散的貓，絕對沒辦法在另一個港口追上它。不過，也說不定有這種可能呢？

再一次地，放下你的懷疑，因為很多航海貓的故事正是這樣，而且還有大量記錄在案的現代故事。比如，一隻黑白賓士貓米妮（Minnie）就是聖喬治堡號（*Fort St. George*）的吉祥物，這艘遠洋定期輪船一九二〇年代在紐約開始營運。船長把米妮趕下船十五次，但牠每次都會回到船上。且慢，什麼，十五次？這船長的行為實在非常粗魯！

不過在這個例子裡，我對船長要表示一點同情。米妮很容易，嗯，在港口「風流」，如果你明白我的意思的話，因此在出海幾週後，甲板上會突然出現一窩小貓。不要批評牠！畢竟，牠的行為是水手傳統的惡習，身為船貓，牠們的道德標準並不比人類船員差。當然，工作用的船隻不適合兒童，米妮一生再生，讓船長下定決心要把牠趕走。

他最後一次的嘗試卻使得牠航海貓傳奇的地位屹立不搖。船停泊在紐約的期間，牠被交給一名船員，船長指示把牠帶上岸，丟到牠絕不可能回到船上的地方。水手照辦，在百老匯和七十二街向可憐的米妮說了拜拜。這裡當然離港口很遠，而且距離聖喬治堡號下一個停泊的目的地——在大海那一端的百慕達更遠。然而，當這艘船停靠在百慕達的首府漢米爾頓港時，看哪，牠直接就走上舷梯接受檢查，因為牠自己找到交通工具橫跨大西洋七百英里。船長此時只好認輸。不屈不撓的米妮可以帶著小貓一起留下：這真是公正的結果，因為牠已經證明自己是比船長更內行的水手！

儘管米妮的故事教人驚奇，但我還可以提供一個更精彩的故事。二次大戰期間，挪威貨船哈瑪威索號（*Hjalmar Wessel*）帶著一隻名叫波西（Puss）的貓航行，這隻貓深受船員的喜愛。但一九四三年，牠在阿爾及爾港失蹤了。水手們搜索、搜索、再搜索——但無濟於事，找不到波西。那艘船盡可能等待，但最後傷心欲絕的船員不得不繼續航行。波西沒有上船並不是牠自己的錯，是因為牠被狗咬傷了，倒地不能動。現在這隻受傷的貓發現自己獨自在

港口的偏僻角落裡，於是牠為接下來的旅程開始積蓄力量。

牠從非洲北海岸掃視廣闊的地平線，牠知道牠的船員在碧波與藍天交會的某處，於是下定決心找到他們。究竟波西是怎麼走的，除了牠自己，沒有人知道。牠很可能成了偷渡客，一隻受傷的貓躲在啟航船隻的甲板下，駛向地中海的遠方海岸。在這同時，牠的船員正沿著義大利半島腳跟的部分航行，他們的目的地是巴里（Bari，義大利南部大城）。波西也正在前往義大利——可是等一等……牠的船不是開往巴里，而是開往巴列塔（Barletta）。勇敢的波西猜錯了嗎？牠是不是已經非常非常接近目的地，只是超過了四十英里？

啊，但是再等一等。請相信我們貓的第六感——對於航海貓來說，也許我們應該假設牠有第七感，因為波西懂的比船員還多。在哈瑪威索號即將停靠巴里的前一天，當地港口遭到盟軍轟炸，船改道到……是的，巴列塔。波西猜對了，當船停靠碼頭時，水手們突然看到一個熟悉的朋友靜靜地爬上舷梯。他們急忙把牠抱上船，帶到甲板下面治療牠的傷口。唉，為了尋找他們，牠已經用盡了自己僅剩的力氣，第二天牠就魂歸

西天了。但在你為牠的逝去落淚之前，請了解這個故事的美麗勝過悲傷。波西有個最後的願望，並且有足夠的力量實現它：身為真正的水手，牠在牠所愛船員的懷抱裡度過了最後的時光。

毫無疑問，你已經見識過一些非常優秀的航海貓，讓你留下深刻的印象，但在接下來這幾頁中，我們將踏上神聖的土地，因為我將為你講述最受尊敬的航海故事。我說的是我們貓輩最偉大的英雄和最堅強的冒險家。這些貓不可思議的成功——有時則是悲劇，所引起的共鳴遠遠不只是與牠們在一起的船員，因為牠們甚至描繪了人類歷史的路程。

其中最具傳奇色彩的是崔姆（Trim），牠是胸前有一大塊白色花斑的黑色大公貓，而且我可以代表所有的貓說，牠被我們公認為是所有貓水手中最偉大的一位。十九世紀初，崔姆與馬修‧佛林德斯（Matthew Flinders）船長一起航行，成為第一隻環繞澳洲的貓。後來牠繼續向前，穿越印度洋、太平洋和大西洋，成為有史以來最早環球航行的貓。牠於一七九九年在英國皇家海軍南海探勘船信實號（HMS *Reliance*）上出生，第一口呼吸就是帶著鹹味的空氣，因此說牠是船貓絕不為過。

在牠還是小貓時，發生了一件大事，讓人們確信牠天生就是航海貓。牠在甲板上嬉戲打鬧時，順著船舷欄杆翻落海裡。「貓落水了！」船員們大喊，而且很快就全力救援。但崔姆並不像他們想像的那麼沒用，反而表現得足智多謀。牠從海水中游了回來，用爪子攀上船身，再爬上一根繩子，在驚訝的船員眼前——這隻小貓救了自己！

崔姆的聰明才智和頑皮的舉止使牠成為信實號年輕軍官的最愛，他們都在爭奪牠的玉爪，希望能將牠據為己有。後來是當時任中尉的佛林德斯獲得這隻驚人的貓的監護權。他們一起航行，直到一八〇三年。雖然在月曆上只有四年，但以冒險的程度來衡量，這已經足夠許多輩子了。佛林德斯稱崔姆是「我所見過最好的動物」，他對崔姆感情深刻，甚至著書記錄介紹愛貓的豐功偉業。這是有史以來第一本貓的傳記，船長屈尊為船員寫回憶錄，的確是高度的讚揚。佛林德斯坦率地承認，他的貓也免不了惹是生非——不過只要想到牠既是貓又是水手，就應該料到會有這種結果。牠驕傲自大，愛出風頭，有時甚至還搞破壞。牠可能會一時興起，直接從其他水手的叉子上偷取食物，如果船上

碰巧有狗，牠會毫不留情地折磨牠們，這是牠義不容辭的責任。不過比起牠的真實故事來，這些都無足輕重：崔姆是逡巡在汪洋大海上最好的貓，是敬業的航行者，可以仰賴牠幫助導航、控制鼠輩，提振水手的士氣，並對一切保持敏銳的警覺心，這一切都是牠發揮最佳航海者所應有的勤奮來完成的。

船長和貓一起繪製了澳洲的海岸線，隨後一路航行返回英國。佛林德斯想要安定下來，不再讓崔姆出海，但崔姆卻比牠的船長更適合大海，這座城市並不歡迎牠。牠被留在倫敦，由一名婦女照看，佛林德斯則去處理私人事務。但他很快就接獲她的抱怨：無聊又憤怒的崔姆正在摧毀她家，她敦促佛林德斯趕快讓牠重回海上。

於是他們繼續航行，直到一八〇三年，佛林德斯再次由澳洲返回英國，但半路上卻被法國人以涉嫌海盜罪拘留在模里西斯，並被判處七年徒刑。崔姆也被捕，牠很可能和牠的船長一樣是海盜，說不定罪行還更嚴重。牠的刑罰也同樣嚴厲：牠被交給一個年輕女孩飼養，並且命牠成為家貓。「不，老兄，謝謝你！」牠很快就開溜了，讓佛林德斯非常沮喪，他再也沒有見過崔姆。他

悲痛萬分，擔心崔姆可能會慘遭殺害。他擔心當地人會不會把牠吃了？命運太過殘酷，艦長不忍心再談這個話題。

但聽到這裡，我忍不住大笑。我很清楚崔姆消失到哪裡去了，我想各位讀者也知道。法國海軍抓住牠的機率就像他們要抓住水一樣渺茫。崔姆生於碧波，也注定要死於碧波，而非某個島民的肚子裡。是的，崔姆愛佛林德斯，但七年的等待時間太長了。佛林德斯不想承認的是，還有一種權威高於船長，甚至高於海軍上將，而他的貓實際上是把一生奉獻給了這個權威。我們應該不用懷疑，崔姆偷偷上了另一艘船，繼續效命牠真正的主人：大海。

崔姆的故事提醒我們，偉大的航海者也面臨著莫大的危險，而這些貓之中，有許多為牠們的勇敢付出了生命。奇比太太（Mrs. Chippy）的旅程是航海貓裡最悲慘的，這隻漂亮的虎斑貓，不幸與恩斯特・沙克爾頓（Ernest Shackleton）一九一四年的南極探險隊一起登上堅忍號（HMS *Endurance*）。先前已經有其他勇敢的貓航行到冰冷的南極：名叫布萊瓦（Blackwall）和波普勒（Poplar）的兩隻貓曾在一九〇一年陪伴羅伯特・史考特（Robert Scott）赴

南極探險。但與奇比太太多災多難的旅程相比，牠們的經歷只不過像是星期假日的巡遊。奇比太太這趟旅程多災多難，從牠的名字就可看出端倪。是的，沒錯，儘管稱呼是女性，但奇比太太實際上是男性，是船上的木匠哈瑞・麥克奈許（Harry McNeish）帶上船的蘇格蘭公貓。這名木匠也被暱稱為奇比，由於他與貓關係親密，再加上水手對人類女性的生理構造往往比對貓的更熟稔，

導致這位貓先生被誤認為是太太。

如果這個名字還不是預警，那麼貓的直覺也讓牠心生警惕。在船離開港口時，牠做出有違航海貓作風的舉動，與船分道揚鑣。牠跳下船，打算游回英國。船員把牠從水中撈了起來，這不能怪他們，因為他們認為自己在做對的事。值得稱讚奇比的是，牠並沒有因此發怒，而是適應了堅忍號上的生活，根據各種說法，牠成為非常出色的捕鼠英雄，並且提升了士氣。事實證明，船員迫切需要牠擔任這兩個角色，因為在他們抵達南極後就發生了悲劇。

但在繼續講述牠的故事之前，我必須暫時離題一下。你們的史書將沙克爾頓寫成偉人，可是從接下來發生的事情來看，我認為從貓的角度而言，應該先考量一下他領導這段旅程的資格。他既不是有經驗的船長，也非航海出身，而是富裕醫生的兒子。雖然他在商船隊當過學徒，並且步步晉升。但在堅忍號起航時，他已經有十多年沒有擔任這方面的工作了。在此期間，他曾參與前往南極的計畫，但不僅失敗了，而且幾乎釀成災難。

因此，他主要的資格是建立在一個貪得無厭的願望：搶先在其他國家之前，先在那裡插上英國國旗。對當時的英國人來說，這就使他適合這項任務了，儘管他的履歷在任何貓看來都不合適。啊，但是我們不了解人類的自負心。甘冒巨大的風險只為了在地圖上某個由想像的虛線劃定的區域插上旗幟，這在我們看來只不過是愚蠢的行為，要是為其他生物帶來災難，那就更糟。而這次的遠航確實造成了不幸。

經驗豐富的人警告過沙克爾頓，不要讓船太深入冰層，但只要他能把堅忍號向前推進一英寸，他要插的旗幟就離目標更近。船越駛越近，結果你瞧，成群的巨大冰山，看到意想不到的不速之客出現在它們那偏遠寒冷的大地上，從後面擠了過來，沒給他們留下逃生之路。被困在世界底下，插旗的目標突然半途而廢，取而代之的是一個對貓的心理來說非常容易理解的目標：生存。人們清點口糧後，發現數量不足。所有人都準備要面對不可避免的情況。因為在那裡，在人們所能想像最孤獨的地方，貓和船員只能眼睜睜地看著日曆上的日子一天天過去，一天一天地帶他們迫近嚴酷的極地冬天。

冬天降臨時毫不留情。速度比汽車還快的強風襲來，打擊了全體船員的精

神，緊接著是比零下五十度更低的氣溫。至於太陽，它已從天空中失竊，取而代之的是無止無盡的黑夜，只有遙遠而陌生的星星在閃爍。這不是貓該來的地方！但奇比和牠的船友蜷縮在冰冷的船上，竭盡全力地忍受。貓的貢獻現在更有價值了，因為牠一路上殺死的每一隻老鼠，都為船上的餐廳保留了一些珍貴的食物。除了微薄的口糧外，他們只剩下乾海豹和企鵝肉，還有他們能夠捕

獲和保存的任何一切，只是加上那些，也沒有多少。

他們沒料到更糟糕的事情還在後頭。原本他們希望到一九一五年十月——南極春天開始時冰層會破裂，然後有返回開闊水域的通道。冰層確實破了，但巨大而沉重的冰山還沒有罷手，它們非但沒有靠邊讓船重獲自由，反而鋸齒狀的邊緣夾住了木質船體。堅忍號到目前為止都名副其實，但儘管它偉大且堅強，此時也已經被推到了極限，船身終於解體了。船員從碎片中盡可能地搶救物資，然後搬進臨時營地和帳篷。奇比已經獲得了一個沒有人想要的殊榮，成為第一隻熬過南極冬天的貓，如今又將獲得另一個榮譽，成為第一隻在冰面上紮營的貓。

隨著情況的惡化，沙克爾頓認定唯一的希望就是乘坐剩下的救生艇大膽嘗試逃離，前往三百多英里外的象島（Elephant Island），然後再轉往七百多英里開外的南喬治亞島（South Georgia Island），一處離他們最近的聚居地。到這裡為止，倒還沒什麼可以非議之處。但他還下令丟掉任何他認為與逃生無關緊要的東西。從貓歷史的觀點來看，這個決定是對一隻勤奮工作而且問心無愧的貓最大的背叛，因為依這個恩斯特・沙克爾頓的高見，被列在無足輕重物品清單上的竟然有……奇比。

船員們抗議，要求饒了他們的貓一命，「每一個人都必須願意犧牲」，沙克爾頓作了如上的解釋。為了強調這一點，他自己把一些金幣扔在冰面上，又撕開了他的聖經，將其中的一部分扔掉，藉此強調他的論點。抱歉，先生，世界上有很多金幣，而且沙克爾頓也不是窮人。至於那本聖經，請注意，他甚至沒有把整本聖經扔掉，而是保留了空白的襯頁，但內文本身倒是理所當然地丟棄了，因為文中說明了動物和人都是同一位上帝的創造物。沙克爾頓捨棄之物與奇比的生命相去甚遠，但他已經硬起心腸，他下令，只救「船員」。

「等一下！」你無疑會在突如其來的恐慌中抗議。「奇比不是船員嗎？和任何人一樣的水手？這不是你教我們關於船貓的知識嗎，芭芭？」確實，你說對了。奇比不僅僅是忠誠的船員，而且根據牠同伴的說法，牠還是他們之中最受歡迎的一位。牠和堅忍號的船員在漫長的幾個月裡共同經歷艱辛，建立了關係。根據一代又一代自豪的水手傳承下來的海洋信條，牠應該受到與船上任何

人一樣的尊重。

但我已經向你說明過我對沙克爾頓的看法。這個半吊子為了旗幟和榮譽而出海航行，他並不真正了解水手和貓之間的緊密關係，也不知道一個四爪船員如何冒著生命危險，和兩隻腳的船員一樣盡忠職守。由於人類的無知不可理喻，所以他對任何請求都毫不留情。因此事情就這麼定了。在沙克爾頓的命令下，奇比死在寒冷荒涼的南極冰面上。

至於逃生，有一艘救生艇確實完成了前往南喬治亞島的跋涉。人類船員得救了，雖然我不會說這次的求生行動不勇敢，但你們得原諒我依舊覺得這個結果十分遺憾。哈瑞・麥克奈許也有同感，畢竟是他把奇比帶上船的。他從未原諒沙克爾頓，而且從此對愛貓絕口不提，除非有人詢問，他會告訴他們，他的前長官害死了他的貓。痛苦煩惱的麥克奈許棄英國而去，定居紐西蘭，一九三〇年在那裡去世。不過後來人們還是表現出一點慈悲。在奇比死後將近四分之三世紀，紐西蘭南極協會出資為奇比鑄造一尊銅像，安放在麥克奈許的墳上，讓牠象徵性地回到當年在那悲慘旅程中痛失所愛的傷心人身邊。

英國政府大舉吹捧沙克爾頓的功勞，將這次徹底的失敗向公眾吹噓成勝利。他受封為爵士，並以「沒有一名船員喪生」而自豪。但我並沒有被他的話迷惑，你也不該受騙，因為那是謊言。直到今天，在南極冰層的某個地方還躺著一名堅忍號船員的屍體。奇比還在那裡，對於牠勤奮忠誠的效命，從牠長官那裡得到的回報，就是在荒涼廣袤的冰凍大陸上一座沒有標記的墳墓。

如果有人認為我對沙克爾頓不公平，認為我詆毀了英雄，那麼拿奇比的命運與妮格蘿卡克（Nigeraukak）的比一比，奇比之死的不公不義就更加明顯。妮格蘿卡克是在加拿大北極探險船皇家海軍卡勒克號（HMCS *Karluk*）上服役的賓士貓，牠和奇比的故事僅相隔一年，而且兩者有驚人的相似之處。一九一三年，卡勒克號在一次北極探險時遭冰封。船體同樣在一月解體並沉沒，當時正值北極的嚴冬。在生死攸關的情況下被困在世界之巔，船員面臨同樣的挑戰——凍傷、嚴寒、疾病和物資減少——甚至還有堅忍號上的人倖免的災難：北極熊的掠奪。

他們同樣要前往最近的人類定居點，旅程前景漫長、危險且艱鉅，然而，他們並沒有拋棄他們的貓！相反

地，他們做了一個毛皮襯裡的袋子，把妮格蘿卡克裝在裡面，而且每一個人都從自己的口糧中分一點給牠吃。他們認定這隻貓是全體船員中的一員，僅僅就因為這個原因，他們不願意拋棄牠。牠在他們眼裡有著更重要的價值。對卡勒克的船員來說，牠是他們在最嚴酷的環境中保有人性的象徵。拋棄他們的貓就意味著放棄對自己的信心，而他們堅信，只要牠能存活，他們也能存活。

經歷了殘酷的九個月，救援隊終於來了，當時倖存者的總數是十五名：十四個人和一隻貓！妮格蘿卡克後來隨著一名船員定居費城，牠每生下一窩小貓，都會有一名探險隊成員收養一隻。這隻小貓提醒了他們——和他們的貓一起分享、承受和征服的一切。我認為這是個美麗的象徵（不過說實在的，到某個時候他們應該考慮給牠絕育），引發我對此事最後的想法：你們人類應該明白，儘管不容易或不方便，但對於人和動物共同面臨的問題，只要你們願意放下自私自利去尋覓，總會有個富有同情心的解決方案。

幾個世紀以來，我們的航海祖先一直都是隱姓埋名地工作，只有與牠們一起服務的水手才知道牠們的名字。不過

直到一九一〇年代，航海貓的勝利和悲劇開始在航海圈之外得到應有的重視。你們應該知道，在這些英勇的貓中，有一些在民間赫赫有名。正如我們將在接下來幾章所看到的，我們的污名此時已經洗刷了，而且記者報導一戰期間我們在無畏艦上服役的情況後，造成很大的轟動。

最先因此而獲益的是與海神號（HMS *Neptune*）一起出海參戰的黑貓小夥子（Sideboy）。船員都非常喜愛牠，甚至用牠的照片製作明信片，寄回家向親朋好友炫耀。他們有沒有把船長的照片寄回家？欸，甭想！誰要看頭髮都花白了的老海軍軍官？但帥氣的航海貓可值得誇耀了。小夥子同樣受到報紙編輯的歡迎，他們抗拒不了這傢伙躺在夥伴們為牠打造的迷你吊床上的照片。

在同一時候，一九一六年日德蘭海戰（Battle of Jutland）時，一隻名叫吉米（Jimmy）的長毛玳瑁貓也成了名貓，牠當時在英國艦隊的指揮艦喬治五世國王號（HMS *King George V*）上。各位，那裡非常危險，砲彈爆炸時有一塊碎片朝牠的臉飛去，差點害牠落海，幸好吉米有貓的敏捷反應，沒有與飛來的殘片正面相撞，但仍然被削掉一隻耳

朵的尖端。這回受傷不僅為牠贏得了吹捧牠勇敢的剪報，也讓牠贏得海軍部的正式表揚，使牠成為史上第一隻獲得勳章的海軍貓。即使在戰後，社會大眾也沒有忘記牠。身為軍功彪炳的老將，吉米非常受歡迎，多次現身為牠所住的切爾西寵物之家募款。

人類終於知道貓有多麼勇敢，而且事實上貓早已勇敢了好長一段時間，數量日益增加的英雄貓早就應該因為英勇而得到表揚——而且牠們不僅僅是在海上才勇敢。最出名的陸軍貓是一隻名叫湯姆（Tom）的虎斑貓，牠在克里米亞戰爭期間拯救了英國和法國軍隊。一八五四年，在烏克蘭捍衛塞瓦斯托波港（Sebastopol）時，補給嚴重不足，軍隊陷入了困境——直到湯姆出現。身為忠心耿耿的烏克蘭貓，牠拒絕袖手旁觀，不願眼睜睜看著自己的國家落入俄羅斯之手。牠加入戰鬥之後，為英軍和法軍帶路，到沙皇軍隊藏匿食物的地點，使他們在保衛牠的城市時不致餓死。心懷感激的軍隊承認他們欠牠的情，收養牠作為吉祥物，並在戰後帶牠帶英國。

俄國人雖然輸了那一輪戰事，但

他們也有自己可歌可泣的貓英雄史。其中最傑出的兩隻貓在二戰期間協助扭轉了德國進攻之勢。當時牠們都參與了戰況最激烈的史達林格勒戰役。穆卡（Mourka）是棕色的虎斑貓，生著如白色圍兜的毛，與一群先遣偵察員一起駐守，並且帶著隱藏在牠頸圈下的大砲位置情報，偷偷越過德國防線。人類生性多疑，歷史學家後來中傷穆卡服務的動機。他們懷疑穆卡對效命偉大的蘇維埃沒什麼興趣，牠感興趣的是回到總部後的晚餐。真的嗎？親愛的讀者，如果你們懷疑牠的英雄氣概，我請問你們：你們會為了一點殘羹剩飯而偷偷溜過納粹士兵營部嗎？不，我認為不會。若不是真正的同志，貓也不會。

另一隻史達林格勒貓在第一二四步兵旅服役，保衛斯巴達諾夫卡（Spartanovka）和雷諾克（Rynok）兩個村莊。牠原本是飢餓的流浪貓，俄軍士兵同情牠，省下食物餵牠。之後牠每天都來，士兵注意到牠離開時總是朝著敵軍陣線的方向前進，所以有一天他們給牠戴上項圈，並在項圈上附了呼籲德軍投降的傳單。果然，等牠回來時，傳單不見了……貓把它

們帶給了納粹士兵！從那時起，這隻流浪貓就成了蘇聯的宣傳貓，每天都奉派執行任務，傳遞破壞德軍士氣的訊息。為了感謝牠的努力，第一二四旅的部隊領養了牠，將牠當成吉祥物。不過如果牠要成為小隊成員，就需要有個名字。所以牠們稱牠為基洛伊（Geroy），俄語「英雄」之意。

我們也開始勇敢地飛上青天，在戰爭中登上飛機上服役──我們之中還有

一位飛得更高。一九六〇年代蘇聯的太空狗計畫至今仍教人滿懷憧憬,但遺憾的是歷史忘記了在同一時期,法國也有太空貓計畫。一支由十四隻來自巴黎街頭巷尾最優秀的流浪貓組成的精銳團隊被集合起來,擔任潛在的試飛員。在這些貓中,一隻名叫費莉西特(Felicette)的賓士貓被選為貓界的墨丘利(Mercury,希臘神話中眾神的使者),在穿越平流層的畫時代旅程中,

大出走：歷代偉大的航海貓

超出了任何一隻貓夢寐以求的高度。一九六三年十月十八日，牠搭乘名為薇若妮克（*Véronique*）的火箭升空。

費莉西特從阿爾及利亞的哈馬吉爾鎮（Hammaguir）起飛，於十五分鐘的飛行中，在撒哈拉沙漠上空衝出一百英里高——順帶一提，如果這個時間聽起來不長，那麼我要指出，這與第一個上太空的美國人艾倫・謝帕德（Alan Shepard）在空中的時間一樣長。薇若妮克在空中的整個過程裡，牠身上的電極把重要的數據都傳送給在地面上的科學家。有人跟你說過我們貓討厭旅行？唔，這是一隻很冷靜的貓，始終保持沉著鎮定。其實，緊張的是在地上的人員，而不是飛行員，因為隨著火箭下降，熱和亂流達到了臨界點。他們會失去勇敢的費莉西特嗎？牠會像第一隻太空狗萊卡一樣死亡嗎？突然之間……噗！太空艙彈了出來，降落傘張開！回收組疾馳穿越沙漠，他們一拉開艙門，就聽到一聲快樂的喵嗚！費莉西特仍然活著，並以英雄之姿回到法國。

如果你們想看的是這樣的英雄貓，我還保留了最偉大的一隻作為壓軸。我現在帶你們回到船上，因為我們會在海上找到牠們之中最傑出的一隻：一等海貓（Able Sea Cat）賽門（Simon）。如果有人想要了解船貓歷史的縮影，只要聽聽牠的故事就夠了，因為自古至今所有的世紀裡，航海貓的冒險、情誼和危險全都匯聚在賽門身上。談起英雄事蹟，請聽聽牠的傳奇故事，包你找到你想聽的一切。

賽門出生在香港，一群英國水手一九四八年在港口的碼頭上發現了牠。這隻瘦骨嶙峋的小貓身上留著艱苦生活的傷疤。牠的皮毛大部分是黑色的，但寬闊的白色圍兜狀花斑從牠的胸部一直延伸到下巴，還有一條白條紋沿著牠的左臉一直延伸到牠的眼睛。這個小傢伙不怕那些水手，也不冷淡；相反地，牠對這些人很好奇，想跟他們交朋友。牠聰明大膽，舉止與眾不同。那群水手決定偷偷帶牠上船——在中國海服役的砲艦紫水晶號（HMS *Amethyst*）。

艦長發現了這隻偷渡貓，他下令把貓帶到他面前。身為指揮官，他對有關航海的一切事物都有敏銳的眼光。紫水晶號上沒有船貓，在不諳航海的人眼裡，這隻貓只不過是一隻髒兮兮的流浪貓，但艦長卻看出了牠的潛力。這隻出身碼頭的貓通過了考驗！後來證明這是不可思議的先見之明，艦長規定一個條

件：新船員得要有職責。如果牠想留在船上，就必須證明牠能捉老鼠。

對這隻小貓來說，這不成問題。牠熱情地接納了牠的新生活。想像一下牠的興奮：牠原本在碼頭上勉強維生，現在卻能和水手一起在他們的大船上生活。他們在甲板上和牠玩耍，牠追逐他們快速移動的靴子。風從海上吹來，水花飛濺在船頭上，到處都是新的聲音和氣味。他們甚至給牠起了個名字，叫牠賽門。牠原本是孤獨的碼頭貓，現在卻是團隊的一部分，成了一個事件的參與者，而且還是個很大的事件。

這個事件即將變得更大。一九四九年四月，毛澤東領導的解放軍橫掃中國，這時命令來了：賽門和牠的船員同伴要展開軍事行動。他們奉命駕駛紫水晶號沿長江逆流而上，援救英國駐南京大使館。他們已經盡可能為發生的一切做好準備，卻沒料到蜿蜒曲折的河岸邊會有大炮在叢林掩護下開火。他們中了埋伏！爆炸震撼了整條船艦，造成的破壞讓船員無法還擊。這艘船只能蹣跚地逆流而上，直到脫離敵人的射程範圍，情況十分狼狽。

傷亡名單包括艦長本人，他在砲彈擊中他的艙房時喪生。小賽門呢？砲彈擊中船艦時，牠正在船長的艙房睡覺。在突襲後的一片混亂中，儘管彈片射傷了牠的身體，皮毛也燒焦了，牠還是在瓦礫堆中掙扎，最後脫了身，一瘸一拐地來到甲板上。受傷的貓被船員夥伴火速送往醫務室，但也無濟於事。除了還有其他受傷的人需要照顧外，紫水晶號也沒有帶著治療貓的醫護人員同行。他們只能撫慰賽門，僅此而已。此外，船員還面臨更大的問題。他們這六十個人被困在偏僻的河道上，共產黨宣稱他們是人質，威脅如果英軍提供任何援助，將會遭到報復。紫水晶號深入敵區，補給有限，他們必須找到生存之道。

紫水晶號走投無路，因為另一個出乎意料的新對手到來，讓原本就已虛弱的水手雪上加霜。這個對手不是人類，而是鼠輩：老鼠從周圍的灌木叢中蜂擁而至，大量入侵這艘船。領導的鼠王是船員們見過最難纏、最卑鄙、最聰明、最堅定的老鼠，他們給牠取了個綽號叫毛澤東，這不僅僅是開玩笑，因為這個新毛澤東的軍隊與共產黨的軍隊一樣是很大的威脅。老鼠們隨心所欲地偷取船上的補給，穿過小洞，躲進縫隙裡，在船體的暗處進進出出，而高大強壯的水手卻無力與牠們對抗。本來船上補給的

情況就很嚴峻，再不制止這些老鼠，後果不堪設想。

如果人們需要英雄，那就是現在了，那些衣衫襤褸的水手即將發現，老天爺早在香港的碼頭給他們送來一位。儘管小賽門受傷，但牠是貓，請容我提醒各位，牠不只是普通的貓——牠是船上的貓，是幾千年傳統和忠於職守的表率。這種困境難道不是貓最初被帶上船的原因嗎？船長在接受賽門加入船員時，不是和牠達成了協議嗎？牠可以留在船上，但必須證明牠會捉老鼠。

啊，容我在這裡稍作停頓，向你解釋一下我們貓族。雖然經常有人批評我們冷漠無情或漫不經心，但其實我們富有同情心，也很關懷他人。我們可能覺得沒有必要為俗事傷腦筋，但請相信我，我們知道什麼時候有了麻煩。賽門

完全了解牠的船友所處的可怕困境。不要被我們嬌小的體積愚弄，事實上每個愛貓人士都知道，我們心比天高，而賽門則生了一顆獅子的心。紫水晶號的人收留了牠，給了牠機會，牠準備竭盡所能為他們付出，身上的傷見鬼去吧。

但你可能想知道，賽門是否準備好迎接挑戰，因為牠才剛成為船上的貓，還只是個新手。在此我要提醒大家，不要低估牠在香港粗陋的碼頭上度過的青春歲月。身為流浪貓，牠的生存完全取決於敏銳的直覺和迅速的反應。牠是個遠比第一眼看去要難纏得多的傢伙，現在牠就要進入狹窄的貨艙，這裡將成為牠的戰場。想像一下這齣好戲：在一片黑暗中萬籟俱寂，賽門像幽靈一樣在角落和縫隙中爬動。牠突然停下來，用臀部撐起身子，這時依舊沒有任何聲音。牠突然縱身一躍！喵啷聲、嘶嘶聲、奔跑聲和東西被撞的聲音！然後復歸寂靜，只有爪子輕柔的啪嗒聲打破了寂靜，因為賽門從黑暗中現身。牠的爪子裡是什麼？是鼠王軟弱無力的屍體。

牠一出手就抓住了老鼠的頭目！要是船長能活著看到就好了。小賽門會抓老鼠嗎？牠是隻與眾不同的貓，而且從此成為一道不可逾越的屏障，一個警覺的守護者，獵殺每隻膽敢進入紫水晶號的老鼠。而且在這個過程中，牠還做了更偉大的事情。這艘艦的船員是自豪的職業戰士，但現在在他們的戰鬥能力遭到剝奪，變得茫然無助。可是賽門找到為他們而戰的方法，而且不僅要戰鬥，還要獲勝。賽門抓到的每一隻老鼠對虛弱的水手都是一次勝利，牠每抓來一隻老鼠，他們就歡呼慶祝，為牠作紀錄。

面對殘酷的命運，賽門作出了嚴厲的反擊，鼓舞了水手們的士氣。對於這一點，牠也心知肚明。很快地，牠就開始在醫務室巡視，檢查每個人的情況，這裡用鼻子蹭一下，那裡用爪子握一下。接著牠的守望擴及全體船員，牠的情感帶來了戰勝絕望的希望之光。紫水晶號的水手給予賽門友誼，而牠現在以他們無法想像的盛情回報。在牠的警戒下，配給得以維持，現在堅忍的船員修理好了這艘砲艦。紫水晶號藉著夜幕的掩護，勇敢地奔向自由，避開敵人的大砲，順流而下，從悲劇的邊緣回到安全之處。他們逃過了一劫！

也許你們之中會有人認為這故事根本是笑話一則，貓的英勇行為僅僅是貓幻想的噱頭。那麼讓我來透露一下紫水晶號擱淺了多久：一百一十天。在將近

四個月的時間裡，賽門一直勤勉地值班，保護糧庫裡最後的一點食物，牠還擔任了信心堡壘，以免同袍的希望動搖。或許你覺得沒有牠，他們也可以存活，但我不以為然。

等船一到廣闊的水域，這隻貓的無私行為就流傳開來了，小賽門開始爆紅。報紙首先報導了這個不可思議的英雄故事，人們聽說之後，被賽門的忠誠和勇敢所感動，世界各地紛紛寄來信件和禮物。在這艘船停靠的每一個港口，都有成袋的郵件等著，裡面裝滿了感謝函、玩具和貓零食，全都是寄給紫水晶號的賽門。各種獎勵和表揚也陸續到來。牠成為第一隻獲得迪金勳章（Dickin Medal，英國頒發給在戰爭中表現傑出動物的勳章）的貓，這勳章是動物版的維多利亞十字勳章（Victoria Cross），皇家海軍授予牠獨特的軍階：一等海貓。出身碼頭的流浪貓成了讚揚歌誦的對象，雖然對於身世卑微的人來說，這一切似乎有點過頭了，但我們難道會說這種稱讚不是實至名歸嗎？

大部分關於賽門一生的記述都到此為止，讓讀者沉浸在幻想中，以為這隻勇敢的貓從此過著幸福快樂的生活，但我不打算這樣做。賽門的故事並沒有以

勳章和如雪片飛來的信函和禮物結束，我不會推卸敘述者的責任，所以我會完整地講完。我的同類已經學會了一點，生活在你們人類中間，永遠不要認為任何事情會理所當然，我們不是已經見識過人類的背叛嗎？接下來的段落可能不是你們期望的結局，因為船艦駛回英國時——我們的英雄被出賣了。

當紫水晶號準備在普利茅斯靠岸時，消息傳來，賽門不准與船員一起下船。究竟是為什麼，你想知道？啊，你一定記得牠出生在香港。我們先前已經提到人類畫出虛構界線的愚蠢行為，以國家的名義，把一群人和另一群人分開。將這一套用在貓身上，是更愚蠢的行為。勳章也沒有用，誰叫賽門不出生在含有不列顛一詞的邊界裡？對於這種輕率的行為有必要肅清，因為根據規定，這使牠——實在糟得不能再糟——成了移民貓。賽門必須關押在船上，得隔離很長一段時間。

船員當然提出抗議。賽門是他們的一份子，牠不僅是他們之中的一員，而且恐怕是最棒的一員！但命令不是來自其他水手同僚，而是來自坐在辦公室裡的高層，儘管這些旱鴨子這輩子從來沒有在波峰浪谷之中擦去額頭上的鹹水泡

沫，但他們卻掌握權威。對這種人來說，數百年讓人引以為傲的航海傳統毫無意義，船上的貓，在他們看來……不過就是一隻貓而已，他們永遠無法明白賽門和任何人類船員一樣，都是紫水晶號的一員。對這種人來說，規則就是規則，在缺乏同理心的情況下，規則必得遵守。

因此在紫水晶號靠岸時，有一場公開的慶祝活動在等著船員，歡呼、喜訊、旗幟飄揚，只有一個船員除外：身材最小，但雄心最大的船員，等著牠的是一個籠子。這真是駭人聽聞的不公不義！曾經歌誦賽門的記者只能以病態的幽默回應。他們開玩笑說：「賽門被隔離了？牠可以在等待時撥弄牠的獎牌。」但我不怪他們：事情的發展教人難以置信，他們別無選擇，只能藉著兒戲的方式來掩飾憤怒。但這不是開玩笑的事。一九四九年十一月二十八日，賽門在英國隔離期間與世長辭了。

坐在辦公室裡的人提供了一些站不住腳的藉口。他們聲稱賽門死於戰傷。是這樣嗎？那些傷勢不正是牠在作戰中服役的那幾個月，沒有任何適當醫療照顧但牠卻安然度過的傷勢嗎？牠不是帶著同樣的傷環繞世界回到英國嗎？而現

在，在牠落入英國政府手中，本該接受最好的獸醫治療時，傷勢卻突然發作而死亡？我不相信，你去問任何其他貓，牠們也不會相信。雖然我不能確切地告訴你賽門的死因是什麼，但我們可以大膽地猜測。也許是因為牠被囚禁時感染？還是牠對某種英國貓的疾病沒有免疫力？

人類的邏輯或許會作如上的推測，但按照貓的邏輯，卻可能有另外的緣由，請原諒我可能過於多愁善感。為了感謝那些收留牠、愛牠的人，賽門獻出了牠的每一分心力。原本悲劇轉為勝利已經足夠了，但牠的英雄事蹟隨後卻以規則的名義而被擱置一旁。我們貓不理會規則，相信你們一定知道這一點。我們只會對經由愛建立的關係做出回應，如果你明白這一點，也許你會發現打垮賽門的真正傷痛。牠獻出了自己的心，現在怎麼可能會不心碎呢？

不過即使死亡，牠的故事也還沒有結束。木已成舟，但我們現在要回頭來說說那些水手。在賽門這件事上，他們還沒有表達他們的意見，現在他們決定，牠的是非功過要由牠的戰友作主。牠不應該在他們還沒表達對牠的敬意的情況下離世，他們提議從紫水晶號的甲

板取出木條作為牠的墓碑——畢竟，他們認定，賽門是那艘船的靈魂，因此將牠埋在船體的木板下非常合理。在指定的那一天，牠的船友長途跋涉，來到倫敦東郊的一個小型寵物墓地，以軍禮安葬他們忠誠的朋友，並覆蓋英國國旗。當然這違反規定，但他們認為規定不應掩蓋事實：這座墳墓裡躺著的不僅僅是一隻貓夥伴，也是一名水手，而且和歷來皇家海軍的水手一樣優秀。

賽門亡故後，船員又做了一件事。他們當然知道永遠無法取代牠，但他們覺得虧欠牠太多了，為了紀念牠，他們決定此後紫水晶號航行時，必須繼續帶一隻貓。因此他們找到了一隻合適的貓——一隻熱心冒險、堅強而聰明、好奇又忠誠的貓。只是他們得要給牠起個名字，這可教人猶豫不決了。名字很重要，他們必須找到一個代表航海貓最佳特質的名字，能夠表達榮譽、決心和勇氣的名字。它要能象徵偉大，而且最重要的是要向傳統致敬。如果這個名字必須滿足這全部的標準，我想只有一個選擇……他們稱牠為賽門二世。

不，朋友們，原先的那一位不會介意的。航海貓非常清楚，海洋的法則規定船隻無論如何都該繼續航行，而船員

在船隻重返大海時一定會保住對牠的回憶，這就是最高的讚美。只是這個傳承很短暫，因為賽門英勇奉獻時已經是一個時代行將結束的高潮。到一九七〇年代，全球各地的船隻都開始大規模趕貓下船。因為那時橫渡海洋的船隻是用鋼材而非吱吱作響的木頭製作的，並且也有現代的方法防治囓齒動物。當今還有人需要在船上養貓嗎？好吧，我猜想先前世代的水手們會有很多回應，但是在最一批沙從沙漏中落下時，他們的聲音沒有人會聽見了。

到那時，賽門墳墓上的木板也已被時間侵蝕了。但牠並沒有被牠的船友遺忘，原先的標記被石碑取代，永久屹立不搖。雖然它上面只有一隻貓的名字，但在我們看來，這也是對牠之前所有貓先輩的紀念碑，紀念那些貓冒險家、水手、淘氣鬼和搗蛋精，牠們逃避壓迫，並英勇地在人類之中服務——我已經給你一些牠們的故事，但還有很多很多故事都被人遺忘了，只有帶我們回港口的海浪依然記得。

是的，朋友們，我們離開陸地已經有一段時間了，現在必須從大船和軍艦上下來，繼續我們的旅程。到賽門離世之際，情況發生了很大的變化。我們貓

再次成為人類的寵兒，因此顯然我們還有很多事要補述。但這一變化來之不易，所以在我們重回歷史的風裡時，請關緊艙門，因為當我們在十七世紀著陸，它仍在呼嘯。你們上岸時要保持低調，因為傳說有人開了槍。一場戰鬥正在進行──這正是貓的救贖之戰！

———————————— ● ————————————

CATS THAT FOLLOW THE SEA AND ROAM THE WORLD

They Change Ships at Will and Are Known in Every Port From New York to Far-Off Hongkong and Nagasaki

"Hors d'Oeuvres"

By WARREN IRVIN

CAPTAIN RIDLEY TAYLOR of the Fabre Line freighter Bankoké first called the pier-jumpers to my attention in Marseilles. We were walking along the docks near a weather-beaten British tramp, which had been loading general cargo for Bombay and was preparing to shove off. The monotonous clanking of anchor chain forward stopped, and from the bridge came the command: "Rig in your gangway and let go the head lines."

At that instant a grimy black-and-white cat emerged from a pile of crates beside me, darted across my feet, ran up the gangway and disappeared. The animal displayed such amazing agility that I stopped to watch it, and Captain Taylor, noting my interest, explained: "That was a pier-jumper, a sea-rover cat. These are the drifters of the cat family and they roam about the world, changing ships at will.

"They are an amazing species. They seem to know instinctively when a vessel is leaving port. I have seen them disappear down the gangway a few minutes after we had docked, and never show themselves again until just before sailing time. And I have heard of them quitting a ship in one port and rejoining it at the other side of the globe.

"Sometimes in port you'll see a dozen of them congregated at the end of a dock, like sailors just home from a long voyage who have got together to swap yarns or compare the relative merits of their ships. I know of no other animal that hates constraining so much as a cat. In many respects they are remarkably like human beings."

Captain Taylor was right—cats are remarkably like humanity. There is the feline "four hundred," with its blue-blood ribbon-winners listed in special registers; there is the bourgeoisie, the pampered pets of shopkeepers or lonely spinsters; there is the prowling tom of the underworld that lurks in deserted alleyways at night, and then there is the adventurous, roving sailor cat that follows the call of the sea.

When the great ports of the world are sleeping these feline sea-rovers are gathering in the shadows of deserted warehouses to celebrate shore leave. There are tabbies from Antwerp and Cardiff, toms from Frisco and Montreal, sly-eyed felines from Rio, Nagasaki and Hong-kong, from Bangkok, Bombay and Aden. Grizzled and war-scarred veterans who have lost eyes or ears or tails rub noses with half-grown kittens spending their first nights ashore. Old cats, young cats, cats of all colors and breeds; cats who have stood in the cross-trees as barkentines and basked in the tropical sun; cats who have fled from the arctic blasts to the welcome shelter of engine rooms.

Almost from time immemorial cats have been going to sea. The ancient Romans were so well acquainted with their roaming habits that in Rome the cat became a symbol of liberty. The Goddess of Liberty was represented holding a cup in one hand, a broken sceptre in the other, and with a cat lying at her feet.

AT best cats are but indifferently submissive to human will. Aboard ship some become great pets, while others behave as though they owned the vessel and "high-hat" everybody—that is, everybody but the cooks. Cats have been known to stick to one ship for many years and then suddenly, for no apparent reason, desert it for another. Sometimes they will bring companion cats aboard as passengers for a voyage. Females sometimes take unto themselves a tom; and, failing after one or two voyages to rid either the ship or themselves of him, leave that vessel. Roy Urban, wireless operator of the President Polk, tells a story of a ship's cat that deserted the San José while that ship was in Puerto Castella and rejoined it later at New Orleans. But stories of ship's cats are as plentiful as rats in

ship's holds. Most ships want them and are glad to have them aboard, for they kill rats and mice which do vast damage to a ship's cargo.

Usually, however, sailors dislike black cats, the popular superstition being that they bring bad luck. There are exceptions. The United Fruit Company's San Pablo carries four of the blackest cats that ever graced a steamer's deck. They were aboard when the San Pablo rode the hurricanes which did vast damage in Miami and Havana a few years ago and came through unscathed. And on other occasions, with these four mascots aboard, the San Pablo has encountered

took her to Broadway and Seventy-second Street and bade her a fond farewell, but when the liner entered Hamilton Harbor, Bermuda, a few days later Minnie appeared on deck.

Ben Fidd, the veteran watchman at the Cunard Line piers, used to say that London cats were always homesick in foggy weather, and he would point to Cuthbert, at that time a leader in feline society on the Chelsea piers, as proof of this assertion.

"It's a funny thing," Fidd would say, "how London cats get homesick in foggy weather. Cuthbert hasn't been the same cat since the fog started here two weeks ago. He's so homesick I can't even tempt him to eat a nice breakfast of fried fish. We had a fine cat just like him when I was bo'sun of the Saucy Sarah, trading from London to Rangoon in 1882. He was called Tinker, and was what might call a haughty cat. He lived aft with the officers. Tinker tolerated the cook because 'Slushy' used to feed him bits from the cabin table, and he was fairly friendly with me because all the other shipmates with his father on the old Whampoa in the China trade. But he despised the crew for'ard. And that was his downfall.

"Tinker was so homesick when the ship ran into a fog, no matter what latitude we were in, that the Old Man and the mates could do

nothing with him. He would run up on deck and dash up the fore rigging as far as the futtock shrouds, through the lubber hole to the foretop and mew so long and so loud that the officer on watch on the poop couldn't hear the look-out man and would cuss Tinker like a good 'un.

"One Christmas Eve we were homeward bound for London and off Dover we ran into a thick fog in the Channel. The Old Man finally decided to heave to and wait for a tugboat to tow the packet to London. When the hands went on the upper fore topsail yard to take a turn with a gasket to prevent the sail from flapping, Tinker was out on the yardarm and somehow he got knocked off, whether by accident or on purpose I never found out. The Old Man, who was on the poop, heard the frantic mewing as the cat dropped through the fog into the sea and was quite upset about it. But that was the last of Tinker. There was quite a procession of pale down the ship to meet him and we had a lot of trouble explaining why he wasn't there, and Cuthbert, I'm afraid, will disappear off the pier one of these foggy days if he's not a bit more careful in the way he behaves to longshoremen."

Benn Fidd's prophecy came true. Cuthbert did disappear after that, but whether he met the fate of Tinker or whether he just paid a flying visit to England was never found out.

THERE have been many "pier jumpers" who have made for themselves a world-wide reputation. There was a Minnie who selected Montreal as her home port, and who shipped from there to many ports, but always came back. Large families was her great drawback, also, and she seldom was permitted to make more than one voyage in a ship. No one knew what Minnie's exact mileage was, but she had been accounted for not once but many times in a score of ports in various sections of the world. However, in 1922 Minnie ap-

(Continued on Page 16)

Cats Are Well Taken Care of by the Crew.

waterspouts off Florida and escaped without damage.

Not long ago the crew of the fishing schooner Clifton F. Wildwood, N. J., rebelled when they found Captain Hilding Peterson had taken aboard a black cat. They demanded the captain throw the cat overboard, but he refused and put it in his cabin for safe keeping. The cat escaped and ran up into the rigging. Captain Peterson dared not ask any of the crew to bring his pet down, so he climbed up after it himself. And lo! from the crow's nest, where the cat had lodged, the captain spied a great shoal of baby mackerel trying to escape the attack of a school of bluefish. Dories were quickly lowered, encircling the entire school with seines, and three hours later the boats returned with their catch. They filled 400 barrels, which brought $7,000. Not only did that black cat stay aboard the Clifton, but the crew took up a collection to buy it a silk cushion and a case of condensed milk.

The case of Minnie, the black-and-white pet of the Furness-Bermuda liner Fort St. George, illustrates the stick-to-it-iveness of ships' cats. Fifteen times Minnie has been ejected from the Fort St. George, principally because of her numerous offspring, but each time she has come back. Once a sailor

They Sleep in a Coil of Rope.

一九二〇年代，社會大眾歌誦我們數百年來在船上的角色。《紐約時報雜誌》（New York Times Magazine）一九二八年十月十四日刊登的這篇專題報導敘述了航海貓的歷史，並配有插圖。人類的理解速度可能很慢，但你們終於注意到了！

144

SAY BLACK CATS SAVED SHIP

Sailors on Fruit Steamer Declare Four Carry It Through Storms.

BOSTON, Dec. 1 (*P*).—Four of the blackest cats that ever graced the heaving decks of a steamer went to sea today with the United Fruit steamer San Pablo, for the superstition associating black cats and bad luck means nothing to the crew.

The cats are mascots, and the crew points to the vessel's escape from the Miami hurricane as significant. When it seemed that the vessel was doomed to be dashed ashore in the hurricane the cats were aboard and the vessel escaped.

The cats were aboard when water spouts were encountered off Florida. Again the ship rode safely through. The cats were aboard when the ship passed through the Havana hurricane unscathed.

左・幾個世紀以來的迫害到此為止。這份剪報在一九二六年十二月經新聞社轉發，美國各報紙告訴全世界，儘管有幾個世紀的迷信，但一艘離開波士頓的輪船卻發現黑貓會帶來好運——不帶這些貓上船，船員就拒絕出航！

下・我告訴過你們，任何稱職的水手都不會在沒有貓的情況下啟航。貨輪伍德菲德號（*Woodfield*）準備從紐約出發，在太平洋航行長達一年，船長在行將開船之際的緊急關頭，在《紐約時報》刊登了這則啟事。

SUNDAY, OCTOBER 1, 1922.

Captain Seeks a Sea-Going Ship's Cat To Sign On for a Trip Around the World

Captain Edwin Dyason, master of the freighter Woodfield, will welcome any ablebodied seafaring cat wishing to join the crew of his vessel, sailing today for Manila and China.

"We missed the ship's cat shortly after we put into port here," said the captain as he entertained a few friends aboard on the eve of a voyage which will take him almost around the world.

"Her name was Cleopatra. She joined on at Fremantle, Australia, and did one voyage with us. Now she has left us 'flat.'

One of the party offered to give the captain a fine Angora kitten, but he refused the gift with thanks, saying: "It would be useless to try to keep it on board. Only seagoing cats are any use on a vessel.

"Joking aside, sea cats are a race in themselves. Why, a land-lubber cat wouldn't know how to take care of itself in a rough sea. But a sailor cat knows just what pile of ropes to hide under. It stays there and waits for fair weather before it reappears to demand rations.

"No, the seafaring cat is no joke. What is more, plenty of them have never been on shore at all. They are born at sea, live on ships and when they die they go down to Davy Jones's locker. Almost every time we start on a voyage we find one or more strange cats on board. They often change ships, but seldom give up the sea for the land. In-

deed, I never heard of a sailor cat doing so.

"I know where the term 'jealous cat' originated. I once had a cat—my favorite of all—named Margaret. She became so attached to me that she wouldn't allow the other cats aboard to go into my cabin. She was even jealous of her own kittens.

"Sometimes when several cats are aboard they assign parts of the ship to themselves, and will not allow others within their particular precincts. One old boy we had kept every cat aft but himself, and proud he was of his power to do so. No, sir, ships' cats and the ordinary domestic variety appear to be two distinct species.

"I'll lay a wager we have a cat to replace the capricious Cleopatra before we leave the dock. What is more, the newcomer will undoubtedly bob up again of her own free will, having decided in her clever feline brain that she would like to join on for the voyage."

For twenty-seven years Captain Dyason has been a ship's master. His only other hobby is music, which he indulges by means of a specially seaworthy phonograph and cabinet containing a thousand records. During the war he was master of the Welsbach Hall, which was torpedoed in the Mediterranean, sinking within five minutes, with the loss of four men. The Woodfield's voyage will last almost a year.

全員上甲板集合：納罕特號（USS *Nahant*）是兩百英尺長的美國海軍鐵甲砲艦，配有十五英寸和十一英寸砲彈的大砲，在美西戰爭（Spanish-American War）期間拍攝這張照片時，共有七十五名船員……還有兩隻貓！

BIGGEST FELINE newsmaker was Trixie, born an alley cat but bred to the sea. When the steamship Stuart Star docked at London the other day the crew was mourning the loss of Trixie, their mascot. Somehow Trixie had missed the ship when it sailed from Cukatoo Island, near Sydney, Australia—more than 11,000 miles from London.

But they didn't mourn long. crew just started ashore when T showed up! Finding the Stuart had sailed without her, she "stowed away" on another Lor bound vessel. The matter of se ing the London waterfront for own ship was then simple.

FOLLOWED SHIP'S CAT: SAVED THEIR LIVES.

GRANGEMOUTH, Firth of Forth, Scotland.—Nine men of the crew of the American cargo steamer Lake Eliko, were saved from drowning recently by the instincts of the ship's cat to swim toward the steamer in a storm and darkness when their small boat floundered. John Shrotne, 33, a sailor, of Marlboro, Mass., and Gilmer Stroud, 17, mess-room boy, of North Carolina, were drowned. The members of the crew had been ashore on leave. They had with them the ship's cat. A storm began and before reaching the steamer, their boat capsized. In the darkness no one could make out the lights of the ship. Tabby, however, with her instictive desire to get out of the water as quickly as possible, swam directly toward the steamer. The men swam after her and nine of them reached the ship. The other two went down.

左・一九三七年六月二十七日，美國報紙頗受歡迎的週日副刊《青春遊行》（*Parade of Youth*）刊登了這份剪報，記錄一隻船貓為了找到牠的夥伴所行經的最長旅程：翠克西在雪梨附近錯過了牠的船，但在將近一萬一千英里之外的倫敦趕上了它。

右・一九二〇年，泰比因為拯救了牠在埃利科湖號貨輪上的船友，而成為英雄。他們的船在蘇格蘭沉了，但這個報導傳播到全世界——這篇剪報是來自三月十七日的《共和早報》（*Morning Replubican*），相隔五千英里遠，在加州佛雷斯諾（Fresno）的報紙。

A technician prepares to insert the "harnessed" cat into the type of cylinder which will be her space capsule during the actual space flight.

我不相信法國國家太空研究中心（Centre National d'Études Spatiales）設計的貓籠會舒適，但這個裝置讓費莉西特在牠的太空之旅中安然無恙。這隻巴黎流浪貓在一九六三年成了名貓。這份剪報來自《費城詢問報》（Philadelphia Inquirer），照片則來自《匹茲堡新聞》（Pittsburgh Press）。

A MEDAL FOR SIMON

LONDON, Aug. 4 (A.A.P.).—Simon, the cat aboard H.M.S. Amethyst, who received shrapnel wounds during the ship's exploits on the Yangtse River, will be awarded the "animal's V.C." — the Dickin Medal.

Fifty-three dogs, horses, and pigeons have the medal, but Simon will be the first cat to receive it.

Letter to a Hero

Following is a letter from Lottie the cat to Simon, hero cat of HMS Amethyst, wounded by shell splinters and awarded the Dickin Medal for catching rats under fire:

Dear Simon:—

I hope you won't think it too terrible of me to write to a perfect stranger, but I was so thrilled by your exploit that I felt I must.

Of course, we don't have rats in our house, so I have never seen one and feel sure I would be terrified if I did.

The cats I know often boast about the rats they have caught.

Some of the older ones talk of practically nothing else, the rats getting bigger every time they tell the story.

But although we live by the sea I don't know one who has ever been inside a boat, so you can imagine I was pop-eyed when I heard about you in that warship, wounded and carrying on as if nothing had happened.

Are you wearing a bandage round your head? I would like to think of you wearing a bandage, as I think they're so becoming.

Before going any further perhaps I ought to tell you something about myself.

I am a tabby, 2½ years old, with white chest and paws, large eyes, and have heard myself described by passing cats as a smasher.

My American boy friend, Manhattan Mouser, has described my figure as a "swell chassis," and calls me his "Sugar Puss."

He says I am the only she-cat he knows who sways her hips when she walks, and that I could knock all the cats on Broadway for a row of sardine cans.

Although we are friends, he is not my steady, as he is rather old for me, though full of life and always ready to "go places."

But even if an older cat has poise and knows his way around, and is inclined to spoil a girl, I always think of him as a sugar daddy rather than a boy friend, and one always has to consider the future when they get quite old and you are still attractive.

I expect you'll think I'm awful telling you all this, but I've always wanted to meet a sailor cat, especially navy types.

They must be so interesting and refreshing after all the dull cats you meet who never go anywhere but on the same old tiles and up and down the same old alley.

never go anywhere but on the same old tiles and up and down the same old alley.

I think of you as young, gay, and, of course, gallant, and would love to have a photograph of you.

When you get leave in England do pop in and see us. My people are awfully reasonable about callers and the butcher's awfully generous about lights. Don't forget now.

- **Your sincere admirer,**

  LOTTIE. GUBBINS.

Simon—the Cat—Not Forgotten

IN A LONDON ANIMAL CEMETERY, two youngsters read inscription on a new tombstone erected o the grave of Simon, cat, mascot of H.M.S. Amethyst, British vessel involved in Yangtze River incident last year. As a result of his behavior dur the shelling of the ship, Simon was awarded the Dickin Medal the Victoria Cross for animals. The youngsters are Donald and S phanie Jones, 5-year-old children of an employe of the cemeter

148

Simon, the Cat Is British

Receives Dic... For Shipboar...

LONDON, ENG... quette, when refer... cat, to call him S...

The initials stan... al, which is the v... ish honor any cat... has won. Simon is...

Simon, about 2 ... guished himself ... sloop Amethyst w... Yangtse river by ... nist shell fire. A... by shrapnel and s... official dispatches... right on with his ... the ship of rats.

Simon's attachment to the ship and its crew was hailed as an example of devotion which did much to bolster the morale of British sailors when the vessel ultimately made its sensational dash to the sea and freedom.

So Simon gets the Dickin medal, and when the Amethyst steams into Plymouth the bands will play, there will be a lot of gold braid about, and an admiral will make a formal presentation of the medal.

It is about as big as a mouse, and about the same color and what Simon will think of the fuss there will be no knowing. But he does join a distinguished company of birds and beasts who have received what the British call the "animals' Victoria cross." Fifty-three have received it.

It takes its name from a 79-year-old lady ... in O.B.E... pire) fri... of the p... animals.

The n... name of ... club, a ... associat...

No civ... club, or ... strictly ... or bird ... mascot ... be prop... comman...

So it'... the fact that some of the members are mongrels and broken down horses who wouldn't win any beauty prizes.

RAT CATCHING UNDER FIRE NETS FIRST MEDAL FOR CAT

London, Aug. 4.—(AP)—For catching rats in time of extreme danger, Simon, the sloop Amethyst's cat, is to get a medal.

It's the Dickin Medal which, to animals, ranks with the Victoria Cross, Britain's highest award. The Allied Forces' Mascot Club will present it.

Among the 53 mascots already holding the medal, Simon will stand out. He's the first cat. The others are dogs, horses and pigeons.

Simon was aboard the British sloop when it ran the Chinese Communist gauntlet down the Yangtze last week end after three months of virtual captivity. He had been wounded by Communist shrapnel when the ship was first attacked in April, but kept right on catching the rats that threatened the ship's meager supplies.

The Allied Forces Mascot Club will present the medal.

AMETHYST'S CAT DEAD

Simon, the Amethyst's cat, has died in quarantine at Hackbridge, Surrey. His death is thought to have been caused by the cold weather and by the wounds he received in the Yangtze action. He had been awarded the Dickin Medal and was also to receive a decoration from the Blue Cross Society. London, He will be buried in the cemetery of the People's Dispensary for Sick Animals at Ilford, Essex.

Twenty-One Guns for Simon, D.M.

"All hands on deck and stand muster!" the command rang out.

The sailors quickly formed ranks for roll call. Last of all came Simon, yawning and stretching from his sleep.

He was the only member of the crew of the H.M.S. Amethyst who didn't have a gun. But he had other weapons.

He had sharp teeth and claws. He used them with deadly effect on his enemies, the rats who came aboard. Simon was a cat.

The Amethyst was in the Yangtze River in 1949, trying to carry supplies to the people of the British Embassy. Each time the ship stopped at a port the rats would come aboard, carrying disease germs and fighting savagely to get at the food and supplies.

There was only Simon to fight back at them.

It was bad enough in any port but the worst came when the ship ran aground at Rose Island and damaged the gear. Within minutes the enemy shells were coming thick and fast. The Captain was killed and Lt. Commander Kearns took charge.

After the volunteers had left, there were only 115 men on board to defend the ship against the Chinese Reds. There was only Simon to defend the ship against the rats.

Of the entire crew, not one put up a more determined and courageous battle. He risked death every day from their poison-laden teeth and from the gunfire that whistled about him.

For three months the fighting went on. One day Commander Kearns said to Simon. "Our supplies are getting low. A lot depends upon you. Unless you can keep on fighting, the rats will carry off what little food we have left and we'll have to surrender."

Simon arched his back. He would fight to the bitter end.

Finally the gear was repaired and the ship made a run for safety. When Commander Kearns arrived in London he carried a dispatch recommending Simon "For gallantry in performing a vital service in behalf of H.M.S. Amethyst."

Simon had to obey the rules and stay in quarantine for six months but when the word went out that he was to receive the Dickin Medal he was visited by scores of reporters and photographers.

Simon was the first cat ever to be recommended for the medal, which is awarded to animals that perform deeds of heroism.

Unfortunately he was so weakened by his months of fighting that he died before the medal could be awarded. And so it was received by members of the crew for whom he had given his life.

...AY CLUB

...rthday Club, I will be ...

195...

這些剪報報導了賽門的英勇事蹟……以及牠悲慘的死亡。但我最喜歡的一篇是來自貓同胞洛蒂（Lottie）的粉絲來信。我們感謝人類的喝采，但還有什麼讚美比擁有自己的貓咪粉絲更高呢？

救贖
啟蒙運動與
現代貓的
崛起

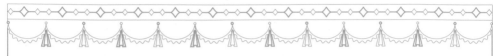

再回到陸地上，幾世紀以來的迫害雖然已經把我們打倒了，但我們並沒被擊垮。歐洲的貓經受了難以計數的傷亡，但要知道：貓從不放棄希望。我們大難不死，憑著堅韌不拔的決心，到十七世紀初重新回到人類的心中。可別搞錯，我們的崛起並不迅速，也並不容易，但我們已經承受了人類所施加最嚴重的打擊，並且為即將到來的戰鬥做好準備。我們的友與敵都在整軍經武，前線就在法國，在巴黎的沙龍裡挖掘戰壕，因為這裡設定了整個歐洲的品味。鬥爭當然激烈，但在你們稱為啟蒙時代的這段時期，有識之士會挺身而出，反抗舊的迷信──並支持貓咪。長久以來對我們不利的浪潮終將逆轉，潮水湧來時，帶回了橫遭奪取的愛。

一六二○年代，我們得到了一位重要的盟友，這位公眾人物對我們全心投入，無怨無悔。當然，自古以來一直都有一些特立獨行的人會收留貓咪，其中不乏聞人，但即使如此，一般人也很常將他們對貓的情感斥為怪癖，從而限制了這些貓咪擁護者的影響力。不過這回可不同，我們得到的是一位不容忽視的貓信徒，一位站在權力頂峰，將他的影子投射到整塊歐洲大陸的人，他就是路易十三的樞密院首席大臣，也是法國在歐洲霸權的推手：對貓情有獨鍾的紅衣主教黎塞留（Richelieu）。

此人以行事風格鐵腕而聲名狼藉，他像操控棋盤上的棋子一樣無情地玩弄各國，歐洲王室莫不惴惴不安。各國元首甚至不敢說出他的名字，只敢稱他為「紅衣主教」。然而在他的貓咪眼中呢？他卻柔情似水。看我們玩耍的單純樂趣就是他最大的消遣，從他醒來的那一刻，僕人把貓帶到他的床上起，他就沉溺其中。而且接下來一整天他都和我們在一起，身邊隨時都有十幾隻貓。一位史家評論他說：「這位法國的主教暴君只有在靠近貓咪時，才擁有人的心腸。」不過坦白說，這副人的心腸在我們之外，並沒有延伸得多遠：據說他曾一隻手愛憐地撫摸一隻心滿意足的貓，另一隻手則簽署死刑令。啊，局勢逆轉了，人們顫抖得多麼厲害！

紅衣主教對貓的喜愛嚇壞了大臣和外國政要，但他們連低聲抗議都不敢，因為這人控制了法國國王。他在巴黎西南自家的城堡裡建一座貓舍，派駐兩名員工，一天兩次用新鮮的雞胸肉打成細緻的肉泥餵貓。黎塞留於一六四二年去

世，歐洲的國王慶祝這個敵人死去時，他的貓卻為失去朋友而悲悼——這人對貓真誠到留下了一筆款項，確保他的貓同伴能夠得到保護和餵養。他去世時，貓的數量已達十四隻。

但紅衣主教還留下另一項遺贈，讓所有的貓都獲益。他將我們引介給法國最高階層，因此他們的精英開始有人站在我們這邊。儘管可惡的路易十四在格雷夫廣場（Place de Grève）拋出燒死我們的火炬，但即使是他的判決也無法阻止宮廷淑女養貓的新時尚。她們拋下傳統的哈巴狗，轉而將貓視為高雅的同伴，這種情況甚至發生在路易十四最核心的圈子裡。他的弟弟奧爾良公爵菲利普一世的妻子伊麗莎白‧夏洛特（Elizabeth Charlotte）公主宣稱：「貓是世界上最迷人的動物」，而他的宮廷詩人安托瓦內特‧德舒利埃（Antoinette Deshoulières）則以愛貓格列瑟特（Grisette）的名義，寫信給她的人類朋友。當緬因公爵夫人（Duchess of Maine）疼愛的小貓死亡時，還由國王年輕時的老師佛朗索瓦‧德拉莫特‧勒瓦耶（François de La Mothe Le Vayer）為牠撰寫墓誌銘，而且這可不是普通的頌詞；文中召喚古埃及人，讓他們知道公爵夫人的貓和他們的貓一樣值得神的地位。

在此同時，當時最著名的豎琴演奏家杜普伊女士（Mademoiselle Dupuy）將她的音樂技巧歸功於一隻耳朵靈敏的貓。這隻貓聽覺敏銳，是嚴格的裁判，在她奏得好時會坐在她的腳邊，做出高興的反應——在她奏得不好時則表現出惱怒的模樣，迫使她不斷地改進。她去世後，人們發現這隻貓和她收養的另一

隻貓繼承了她的兩棟房子，以及足以讓牠們安享天年的資金。她貪婪的親人對遺囑提出異議——我得說這是犯規行為，因為這兩隻貓在十七世紀的法庭上沒有勝訴的機會。但即使如此，我們的時代很明顯地即將來到。烏雲中透出一絲曙光，雖然杜普伊女士的貓在繼承權爭奪戰中敗訴了，但很快還會有更多的戰鬥要打。

是的，朋友們，法國已經準備要進行一場精彩的老式貓鬥，而第一次重要的衝突發生在一七二〇年代。當時我們已經找到了另一位重要的盟友，是真心捍衛我們的作家。當然，已經有不少作家表現出對愛貓的情感，但這次不一樣。弗朗索瓦—奧古斯丁‧德‧蒙克里夫（François-Augustin de Moncrif）是備受尊敬的歷史學家，曾被任命為路易十五的史官。這位傑出的學者決定將我們的長處公諸於世，把他的專業技巧投入史上第一部專門以貓為主題的巨著！他的《貓史》（*Histoire des chats*）於一七二七年出版，是關於我們的故事、信件和詩歌的合集。這本書自然受到巴黎新興的愛貓人士圈讚頌，哦，要是我能告訴各位它獲得廣大社會的掌聲和欣賞，會多麼歡喜。

只是我不能。因為實情並非如此，而且遠非如此。

蒙克里夫的書是個大膽的表示，是為我們爭取尊重的第一砲——但我們的對手很快地以作者完全未預料到的尖酸刻薄還擊。他背上了L'historiogriffe的綽號，意思是「爪子的歷史學家」，甚至連走在街上也遭人嘲笑，人們會追著他喵喵叫。他主動為我們發聲，反倒成了笑柄。輿論的箭矢和投石無疑造成了傷害，但蒙克里夫的批評者應該受到譴責，他的作品確實是有價值的，沒有被過去的宣傳洗腦的人都明白這一點，因為聞名遐邇的法蘭西學院認可他，甚至接納他成為會員。

想想看，歐陸最受尊崇的文人團體給了貓學者應有的尊重！……果真如此嗎？畢竟蒙克里夫曾寫過關於貓的書，那可是個鬧劇。結果他的就任演說成了最殘酷的惡作劇。當他走上講臺時，詆毀他的人在大廳裡放了一大群驚恐的流浪貓，牠們在禮堂裡瘋狂地逃竄。從巴黎街頭抓來的流浪貓喵喵叫、嘶嘶響，觀眾爆發出笑聲，將蒙克里夫這輩子最光榮的時刻變成一場笑話。人類甚至對自己的同類都極其惡劣，而且毫無疑問，正因為那些受驚嚇的貓成了工具，傷害了全巴黎最捍衛牠們的人，使得這個笑話更加滑稽。

可憐又高尚的蒙克里夫。他缺乏那種你們人類看來不可或缺的權勢，而沒有權勢，他就無法阻止我們對手的攻擊。不過他們勝利的榮耀是短暫的。因為又一位捍衛者很快地出現了，她可以高舉解放貓咪的旗幟，並且經得住打擊，將它舉得更高。如果需要權勢，那麼她擁有的權勢遠勝過法國的任何人。這人就是瑪麗·萊什琴斯卡（Marie Leszczyńska），波蘭國王斯坦尼斯瓦夫一世（Stanislaw I）的女兒，全歐洲的王公貴族夢寐以求的對象，而在一七二五年她把玉手交給了路易十五，成為了法國王后。新王后慷慨、虔誠、優雅、知書達禮……而且愛貓愛得神魂顛倒。

「貓冷漠、謹慎、乾淨得無可挑剔，並且能夠保持緘默。好同伴還需要其他什麼條件？」她解釋說。就算有人覺得這有點不妥，他們當然也不會說出來，尤其是在她說服國王改變態度支持我們之後。是的，朋友們，國王，他在凡爾賽宮的花園裡安置了一些公貓，甚至還容許他非常喜歡的一隻公貓進入宮殿裡。如今我們有了國王保護！

想像一下這樣的場景：王后養的一

隻小貓在某位公爵夫人的斗篷上休憩，結果這件用最好的絲綢和最昂貴的皮草製成的衣服沾滿了貓毛。更糟的是貓還用爪子撕扯它。公爵夫人勃然大怒！她直接去找王后，要求糾正貓的無禮行為。但瑪麗轉過頭來，目光集幾個世紀王室血統所能打磨出的冷峻與銳利，然後輕蔑地告訴這位公爵夫人，要是她在乎她的斗篷，就該按照常規把它交給貼身男僕保管。至於貓，夫人，牠沒有錯，牠只是在行使貓的特權！

整個宮廷都感受到瑪麗的影響，貴婦都仿效她的榜樣收養貓咪，並且關懷牠們。以藝術贊助人和當時最知名作家之友聞名的德凡侯爵夫人（Marquise du Deffand）用精美的絲帶和香水來裝飾愛貓，甚至允許牠們隨心所欲地踩踏她閨房裡昂貴的床罩。而同時，愛爾維蒂

烏斯夫人（Madame Helvétius）則為愛貓穿上和貴族仕女一樣精緻的服飾。她的沙龍是巴黎最有名的沙龍，也是啟蒙運動主要人物的聚會場所，人們唯一的抱怨是在這麼多貓中經常找不到座位！此外還有其他許多人，有的為我們獲得勳章，也有的在我們離世時建造墳墓。

但不要以為我們只適合女士們。最偉大的哲學家盧梭推測，對貓產生敵意的動機源自於一種暴虐的本能，而不幸的是，某些人擁有這種本能。他解釋說，這些人嫉妒我們拒絕受奴役的天性，因此不喜歡貓，是人格缺陷的明顯標誌。（非常合理的理論，如果可以容我這麼說！）此外，皇家天文學家約瑟夫‧傑羅姆‧德‧拉朗德（Joseph Jérôme de Lalande）向天空發送了我們的訊息。天空上除了獅子座的獅子之外，沒有貓星座，他決心要糾正這令人惱火的疏忽。拉朗德開始繪製多卷本天文圖譜時，將他觀測到的數百顆恆星放在圖上。他決定要對天空中已有的三十三隻動物作點補充，因此將一隻家貓放在圖上，蹲在長蛇座附近。它的名稱？啊，再合適不過的：貓座（Felis）！

有法國人帶頭，其他歐陸國家也開始支持我們。普魯士國王腓特烈大帝是十八世紀最偉大的征服者，但他和先前率領軍隊的野蠻人不同。他生在啟蒙時代，受法國老師教育，分享了他們對貓的感情。在他的士兵橫掃歐洲時，他向新征服的城鎮徵收貓稅。腓特烈非常了解我們的價值，他要求人民交出足夠數量的貓，以保護他軍隊的物資，也保護被占領的城鎮免受鼠類的侵害。

英國人也同樣回應了愛貓的呼喚，不過他們不願採取法國的炫耀風格。倫敦的副主教約翰‧喬恩廷（John Jorntin）失去了他心愛的同伴菲利克斯（Felix）時，寫了一篇感人的墓誌銘——但他是用拉丁文寫的，以免被指為「感情氾濫」。你懂吧，自我克制之類的。但即便是那個時代，甚至連在英國，也有一些人不避諱他們對貓的喜愛，其中最教人矚目的是名聞遐邇的文豪塞繆爾‧約翰生博士（Dr. Samuel Johnson），他因公開喜愛一隻名叫霍奇（Hodge）的貓而引起騷動。一位煩惱的傳記作者被迫震驚地報告說，這位偉人閒暇時都在和這隻小畜牲玩耍，疼愛牠就像疼愛受寵的孩子一樣。

約翰生對他同伴的奉獻可以藉由以下的方式看出來：當霍奇年紀大了，顯出衰老的跡象時，約翰生下令給這隻貓

吃牡蠣特餐，而且只能吃最昂貴的。當然，要確保牡蠣的新鮮就得天天上市場才行，約翰生擔心如果僕人去做這項差使，他們可能會怨恨霍奇。於是為了保護愛貓，大師每天親自跋涉去市場，回來後親手餵貓吃牡蠣。這是英國最受寵的貓嗎？如果你恰巧造訪倫敦，不妨前往約翰生博士的故居走一走，自行判斷。這裡已作為歷史地標保存下來，而且前面有一尊雕像。不，傻瓜，不是約翰生的雕像，而是霍奇的！

如果你覺得這樣的順境似乎來得太快太容易，可要記得我們的敵人並沒有放棄戰場。他們正在巴黎計畫反擊，要不是他們如此陰險，我們甚至可能會心不甘情不願地讚賞他們這巧妙的一擊。為了阻止我們的攻勢，他們在我們的路上安排了一個意想不到的新對手：狗！請相信我現在告訴你的是事實，因為狗和我們之間的競爭並非出於自然的發明。我們貓和犬科動物在天性上並沒有不和，我們在牠們這個物種中看到許多可敬的品質。如果你懷疑我的話，不妨想一想在無數的人類家庭，我們貓和狗都能和睦相處。

但是抵制我們的人已經意識到，他們無法以任何公平的方式阻止我們地位的提升，尤其是在歐洲一些重量級人物接受我們之後。如果我們的地位繼續提高，用不了多久，我們就會打進資產階級，如果發生這種情況……好吧，要對抗我們，機不可失！惡意抨擊我們的人不顧一切地要打倒我們，因此設計了我們與犬科動物的直接競爭。由於人與狗之間的情誼很深，在我們遭受迫害的幾個世紀中深入發展，因此他們確信這是一場我們無法獲勝的競賽。

我們被一場宣傳戰打得措手不及，戰役的目的是揭示犬貓在各個層面上如何截然相反——狗在各個範疇中都比我們優越。他們聲稱，狗忠心耿耿，而貓忘恩負義；牠們細心體貼，而我們反覆無常。狗？豪氣干雲，雄心勃勃！貓？膽小懦弱，好吃懶作！接著他們繼續事事羅列，凡是好的、教人滿意的性情都屬於狗，而貓是反例。朋友們，這不是陰謀論。這種卑鄙行為的始作俑者眾所周知，他是玩票的自然學者和全職的恨貓人，名叫喬治－路易・勒克萊爾（Georges-Louis Leclerc），史稱小丑伯爵（le comte de Buffoon，buffoon乃小丑之意），此名更為人熟知。

啊，等等……我是不是拼錯字了？抱歉，顯然他的頭銜是le comte de

Buffon（布豐伯爵）。好吧，不要緊。無論我們怎麼稱呼他，他從一七四九年開始分卷出版的著作《自然史》（*Histoire naturelle*）為貓狗行為的對立奠定了基礎，成為我們對手的福音書，造成令人遺憾的刻板印象，直到今天，被誤導的人依舊滔滔不絕地引述。具有美德的一方是狗，經過精心改造，擁有「能夠引人矚目的每一種內在優點」。牠們無私奉獻，無條件地付出愛。牠們殷勤地等待命令，並且堅定不移地執行，牠們最大的願望就是取悅牠們的主人，並遵從他的意願。書中還說，當主人生氣時，「牠們對虐待甘之如飴。」是的，你沒看錯這段話……我一點也不想當這個小丑養的狗！

狗的對立面則是可惡的貓，我們擁有所有想像得到的惡習。小丑解釋說，和狗對主人的愛完全相反，狡猾的貓不會屈尊付出「無條件的感情，不會與人交流，除非對自己有益。」與犬類敏銳的智力相反，我們貓完全不堪造就。狗是所有物種中最值得信賴的，而「貓的性格最模稜兩可，而且生性多疑。」小丑接著說，這些缺點都自然地出現在我們身上，因為我們天性帶有「與生俱來的惡意」。注視我們的眼睛就可看出這

一點，因為狗會直視人類，而我們貓不會正視人的臉，哪怕是我們最大恩人的臉——他警告說，這是為了掩飾我們的意圖。

誣衊如雨般落下，狗對貓，善對惡。嗤，小丑甚至對我們獵食的方式也有意見！狗「適當地追逐」牠們的獵物（直撲而上，還像白癡一樣狂吠），而貓則表裡不一，「埋伏等待，出其不意地偷襲」。祕密狩獵？哦，我們真是好大的膽子啊！真可惜小丑沒有在文明的黎明之際訓練成隊的狗在你們的田地裡巡邏，以老實正直的方式搜尋嚙齒動物。當然了，你的莊稼肯定會被啃光，而你們也還住在小茅屋裡，穿著熊皮大衣，不過至少維護了道德。

其他討厭貓的人當然很快就會在整塊歐陸上複述這種胡說八道。然而這是個新時代，喜愛我們的人以嚴辭回嗆。接著，就在貓咪救贖之戰的結果還懸而未決之際，災難降臨。另一場戰鬥爆發了，和貓無關，這完全是人類的戰爭。法國突然捲入戰火——與自己開戰！在我們所見過人類所做的荒唐事中，從沒見過這樣離奇的事。我們驚恐地看著法國人以法國之名殺害法國人，君主政權被推翻，皇室成員遭到斬首。

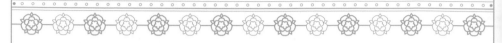

即使這樣也還沒結束，刀光劍影，槍砲隆隆，人們拿著滴著血的刺刀在街道上跑。雖然這是人類之間的戰爭，但可別以為動物置身事外，沒有同遭痛苦。牠們在火舌、飢餓和混亂中死去，因為法國人所謂的革命變成了他們口中的「恐怖時期」，這個形容恰如其分。我們貓幾乎失去了我們所獲得的一切，退回孤單的地下室和陋巷，躲在斷垣殘壁之中。可憐的法國血流不止，直到無血可流，血停之時，我們依舊躲藏起來，因為權力落入了萬惡壞人之手。這雙手並不滿足於扼殺法國，而且很快就勒住整個歐洲的脖子。拿破崙·波拿巴（Napoléon Bonaparte），一個討人厭的矮冬瓜，老是撒謊，掩蓋自己的血統，假冒貴族，隱瞞私心。但有一件事，這個卑鄙的冒牌貨倒很誠實：他討厭貓！

拿破崙愛狗。他因牠們奴隸般的忠誠而愛牠們，認為這是朝臣的完美榜樣。他曾說過：「有兩種忠誠，一種如狗，一種如貓。」意思是如果有人要服侍他，本性最好不要是「貓」。這些話正是出自小丑的書，拿破崙被這種毫無根據的宣傳之詞騙了，並在他的新帝國中鄙視我們。這會付出什麼代價？革命期間的戰鬥不僅使得閃閃發光的洛可可式宮殿傾覆，街道化為瓦礫，還為那些臭名昭彰的傢伙提供繁衍的完美溫床。是的，老鼠摧殘巴黎！牠們又一次帶來了牠們的朋友：疫癘和疾病肆虐，它們的表親線鼠疫則在陰影下潛伏。

先前腓特烈大帝與我們結盟是多麼明智啊。拿破崙怎能和他相比？拿破崙的顧問向他解釋說，為了法國的最大利益，應該讓貓在街上自由活動以對抗鼠類時，他大為不悅，要他們另找方法！這位皇帝喜歡什麼方法？他說，現在是有品味的時代，沒有必要求諸於古老的方法。用陷阱如何？沒什麼效率，幾乎無法造成任何影響。毒藥呢？啊，它們的確有效，只是使人致病比殺死老鼠更有效。

十八世紀我們在貴族的豪宅受到歡迎，如今十九世紀初，我們甚至連捕鼠的工作都丟了。這當然是羞辱的挫折，但科學家很快就站到我們這邊來。我說的是真正的科學家，而不是文藝復興時期的冒牌貨。他們懇請皇帝寬恕，因為法國需要貓。如果拿破崙想要採用現代的方法，何不用理性、精確的統計數字？根據他們的分析，一隻貓一年內可能消滅七千隻小鼠或三千六百隻大鼠，

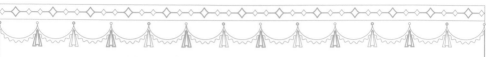

因此政府不僅應該接納我們，還要實施貓咪繁育計畫。

此外，他們認為貓也應該受到任何生物都理應受到的尊重！等等……這是什麼意思？啟蒙運動帶來了一代新的知識分子，他們不僅對人，而且對所有的生物都有不同的看法。如果新法國要努力讓所有人類都獲得他們應享的公平和公正的權利，那麼也該考慮其他物種不可剝奪的權利了。這是動物福利運動的開端。該死的笛卡爾（曾把貓扔出窗戶，以證明人類以外的動物缺乏意識），這些改革者說，被笛卡爾扔出窗外的那隻貓是能感到疼痛的，這麼做非常不公正。更重要的是，貓還可以感受到快樂、悲傷和愛——要知道這對你的人類同類並不是威脅，而是邀請你們和我們建立更親密的情感聯繫。這些論點的依據並非出於情感而是基於倫理：人類終於明白仁慈是正確的。

人類再也忍受不了貓被焚燒、毒打，或遭到折磨。我們在邊緣待了這麼久，甚至引起另一群邊緣團體的關注：新興的前衛藝術家。法國大革命褫奪了先前主導文化的學院派的勢力，給隨心所欲繪畫、素描和思考的叛徒者開闢了道路。他們不顧傳統，按照自己的方式

生活，並在長期遭訕笑的貓身上看到志同道合的精神。他們默許關於狗和貓的所有爭論……然後給出自己的結論，那就是我們貓比較優越！如果貓是自我主義者，那更好，給我們一種知道自己價值的動物吧！貓很冷漠？就順其自然吧，牠們確實聰明，才會懂得選擇與牠們為伍的同伴！

他們還繼續說下去，承認我們所有「負面」的特質，毫無異議，因為這讓他們更珍視我們了。哦，至於貓和女人之間由來已久的聯繫，我們被指責是巫婆的親信，因而對我們的痛恨和鄙視呢？局勢已經逆轉。貓和女性之間的關係，讓前衛派的男性對我們難以抗拒。居伊·德·莫泊桑（Guy de Maupassant）寫道，貓對待男人，就像靠不住的女人那樣：在你伸手愛撫時，牠們會親吻或發出呼嚕聲，但在厭倦之後，卻會咬或抓。只是這沒有讓浪漫的心感到困擾；反而教人興奮。我們的感情似乎是一時興起而施予，然後又同樣迅速地撤回，得到接納的挑戰與遭受拒絕的擔憂兩相對照，只會更增添我們的神祕感。

貓和女性的比喻甚至也延伸到觸覺上。與狗相比，我們風情萬種，伸手撫

摸我們的皮毛時會產生明顯的感官享受，我們的新鬥士非但毫不羞赧地承認這一點，而且為這種經驗陶醉。《惡之華》（Les fleurs du mal）的著名作家夏爾・波特萊爾（Charles Baudelaire）將撫摸愛貓比作他對情婦的渴望。我承認這個比喻頗為尷尬，但他的意思是它刺激了大腦類似的區域。他甚至將我們比作他的本我（id），想像他心靈情色的、奔放的，就像貓一樣不受社會壓力的影響，而他詩歌的靈感正是從那裡湧現。他的朋友尚弗樂希（Champfleury）談起波特萊爾在小巷裡看到流浪貓，會用充滿情感的聲音神奇地把牠吸引過來，就連最兇猛的野貓也會屈服，撲到他的懷裡接受愛撫。

法國文化革命者中還有其他許多人也接納了我們！我們與那些文化人不守成規的生活方式有緊密的聯繫，以我們為伴的法國作家名單堪稱名副其實的名人堂。維克多・雨果（Victor Hugo，著有《悲慘世界》）託人做一個深紅色緞面的臺座，好讓他的貓夏努安（Chanoie）可以像女王一樣坐在寶座上。奧諾雷・德・巴爾扎克（Honoré de Balzac）拿起筆在紙上熱情洋溢地記下他所遇到有趣的貓。斯特凡・馬拉美（Stéphane Mallarmé）養了一隻名叫內吉（Neige）的白貓，牠會在他寫作時跳到桌上，用尾巴掃著書頁，抹掉牠剛寫下的詩句。馬拉美生氣了嗎？老天爺，不——事實上，他很喜歡這樣的合作。更不用說左拉、于斯曼（Huysmans）和無數其他人，一路到尚・考克多（Jean Cocteau），他說過這樣的話：「我愛貓，因為我愛我的家，牠們逐漸變成了這個家可見的靈魂。」

但在所有偉大的人物中，我們最傑出的支持者是泰奧菲爾・戈蒂耶（Théophile Gautier）。這位作家、詩人、畫家和評論家是那個時代最多才多藝的人才之一。但他最偉大的成就完成於一八五〇年，當時他把數十年來對貓的敏銳觀察寫成一篇散文，堪稱人類有史以來最為精確的標題：*Conquérir l'amitié d'un chat est chose difficile*，即「很難贏得貓的友誼」。這回寫貓論文的作者沒有受到嘲笑，反而因為他將我們描述為「哲學動物」而聞名，意思是「我們是思想者的同伴」。戈蒂耶警告說，我們不能容忍愚蠢，並向他的讀者解釋道：貓「不會輕率地表達自己的感情。只有當你配得上牠時，牠才會願意做你的朋友，而不會做你的奴隸。牠

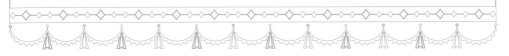

保留了自己的自由意志，不會為你做任何牠認為不合理的事。」但那些符合牠標準的人類將獲得他們在其他動物身上無從想像的回報。聽哪，聽哪——終於有人說出真話了！

隨著巴黎登高一呼，歐洲大陸也隨之響應，畢竟在那個時代，人人都跟隨法國首都的潮流趨勢。不久之後，我們甚至戰勝了我們最可怕的宿敵，神職人員。他們對我們如此反感，甚至將我們排除在聖經之外，整本書沒有一個字提到貓！但是一個大膽的夥伴用了不起的詭計把我們放進書裡。一卷「失落的福音」被人「發現」，其中具體顯示了基督對貓的關愛。這本名為《十二聖徒福音書》（*The Gospel of the Holy Twelve*）的騙局在這個世紀最後幾十年開始流傳，據稱是在西藏修道院發現的，內容是對耶穌生平的杜撰。文中記錄了一隻母貓和牠的小貓躲在基督出生時所躺的馬槽之下，而成年後的耶穌拯救了一隻被殘忍人類所折磨的小貓。他後來又發現另一隻流浪貓，親自把牠抱在懷裡，直到為牠找到充滿愛的合適的家。書中的評註說明了耶穌為什麼愛貓：他認為我們在所有動物中最像基督徒，因為儘管我們像上帝所造的任何生物一樣忠實、溫柔和優雅，但卻受到了迫害。

儘管這是一次不錯的嘗試，但《十二聖徒福音書》很快就遭到揭穿，只是在那個時候，還有哪一個虔誠的人會在意？教皇利奧十二世（Leo XII）當然不在乎，他長袍下藏了一隻名叫米切托（Micetto）的灰色虎斑貓，這個名字在義大利文的意思是「小貓」。米切托是生在梵蒂岡的流浪貓，生來就對藝術的感受力異常敏銳，有一天牠為了一睹偉大的拉斐爾繪製的壁畫，憑著血氣方剛，溜過梵蒂岡的衛兵身邊。就在那裡，牠遇到了正在同一道涼廊下欣賞畫作的教皇，因為拉斐爾恰好也是利奧十二世的最愛。這兩位因為對這位文藝復興大師的共同熱愛而結下不解之緣。不久，教皇就被小貓迷住了。

他們倆形影不離，利奧開始把米切托藏在他寬大的袖子裡，這樣他們倆就不會分開了。時代的變化何其大，現在有一隻貓安靜地棲息在教皇的懷裡，靜靜地坐著見證曾經宣布迫害我們的教會理事會。只有最高階層的梵蒂岡神職人員知道這個祕密，而且這些知情的少數人視米切托如聖物，因為希望得到教皇青睞的人也必須愛他的最愛。

這其中包括法國駐梵蒂岡大使弗

169

朗索瓦—勒内・德・夏多布里昂（François-René de Chateaubriand），當利奧臨終時，米切托就隨著夏多布里昂被送到了法國。這當然是悲傷的離別，即使巴黎能提供一切，這隻貓仍然悶悶不樂。夏多布里昂擔心可憐的米切托會想念牠在西斯汀教堂閒逛的年輕時光，哪一隻有教養的貓不會這樣想呢？可是利奧的決定確保了他同伴未來的福祉，因為照顧米切托的人可不是輕率地選出來的：夏多布里昂是支持我們的勇敢法國人，他的綽號就是「貓」（Le Chat）。

由於米切托移居海外，因此義大利最受歡迎的貓這個榮譽落到了一隻名叫米娜（Mina）的鄉下小貓身上，雖然牠的社會地位卑微得多，但也一樣得天獨厚。這隻灰色的虎斑貓生了一雙明亮的綠色眼睛，牠的人類同伴是一個名叫克萊門蒂娜（Clementina）的虔誠女孩，住在倫巴第（Lombardy）西北部布里安扎（Brianza）一個小村莊裡。她們倆形影不離，在溫暖的地中海陽光下，一起在鄉間小路上漫步，在鄉村小徑兩旁的美麗牧場上玩耍，甚至一起吃飯。一副田園詩的景象？其實並不像乍看那樣。

克萊門蒂娜患有癲癇，第一次昏迷時只有米娜陪著她。貓咪細心地守護她俯臥在地上的身體，等女孩終於醒來時，發現貓咪的臉就在她的臉正上方，目不轉睛地朝下盯著她。啊，也許這是個新遊戲，米娜一定是在想，牠滿足地發出呼嚕聲。但當女孩終於站起身來，渾身是血，遍體鱗傷，這時米娜的態度轉變了。這隻貓注意到了她的傷勢，等克萊門蒂娜再次暈倒時，米娜像箭一樣立刻跑到女孩的父母面前，瘋狂地喵喵叫，把他們帶到她倒下的地方。米娜學得很快，不久就開始察覺到癲癇即將發作的微妙症狀，並且經常在克萊門蒂娜感到任何不對勁之前就找人求助。還記得人們認為貓是魔鬼的時期嗎？如今確實是新的時代，因為鎮上的人都認為這隻貓是被派來保護小女孩的守護天使。

可悲的是，克萊門蒂娜很容易患病，即使是貓也無法守護。她在十五歲時病倒，持續發高燒。米娜在她身旁徹夜守候，不肯離開床邊，但接著病人發生譫妄現象，病情惡化，不久死亡降臨。當送葬隊伍蜿蜒穿過村莊時，一隻傷心欲絕的貓尾隨其後，閃躲人們的腳步，盡可能靠近女孩。喪禮中，牠甚至跳到克萊門蒂娜的遺體上，低頭凝視她

的臉。在這樣莊嚴的場合，這是非常不恰當的行為，但大家對這隻貓無比尊重，在場的人都沒有干預。貓的腦袋裡在想些什麼？啊，米娜，我猜你以為只要你努力地盯著小女孩看，她就會睜開眼睛，就像她第一次暈倒時一樣。

遺憾的是，事實並非如此，我可憐的小朋友。不可避免的結局來了，人們輕輕抱起米娜，好把克萊門蒂娜放進柔軟肥沃的義大利土壤中，她們不再是同伴了。呃——沒那麼快！就在掘墓人開始鏟土的時候，貓跳進了洞裡。然而人們十分抱歉地把牠抬了出來，向牠解釋說，儘管她倆一起走過了那麼多路，但這女孩必須獨自走完最後一程。

米娜被女孩的父親抱回家。然而次日破曉時分，牠不見了。很容易就猜到牠會跑到哪裡去，而且人們的確在墓地找到了牠，蜷縮在墳墓上。由於米娜有堅定不移的決心，因此牠日復一日地守在那裡，拒絕所有要牠回家的懇請，即使使用美食賄賂也沒有用。對少了這個小女孩的家，牠根本不感興趣。畢竟，沒有人可供守護的守護天使算什麼？米娜變得越來越孤僻，當人類靠近時就退縮到灌木叢中，直到三個月後，牠終於與她的人類朋友團聚了：一隻悲傷的灰色虎斑貓，如今毛皮粗糙，氣息全無，躺在女孩的墳墓旁邊。

義大利塔蘭托（Taranto）大主教朱塞佩·卡佩塞拉特羅（Giuseppe Capecelatro）是知名的愛貓人，還編了一本關於我們的專書。他將米娜和克萊門蒂娜的故事告訴愛爾蘭作家摩根夫人（Lady Morgan），她將之譯成英文，重新出版，廣泛流傳，向反對我們的人展示人貓之間關係的真相。一個記取這個教訓的地方是英格蘭，一個世紀前敢愛我們的叛逆者們，他們播下的種子已經開花結果。英國作家就像他們的法國同行一樣湧向我們，而且同樣地，他們也都是最知名的作者。

如果你要我列舉幾個名字，那麼首先，勃朗特三姊妹如何？還有塞繆爾·巴特勒（Samuel Butler）這位偉大的諷刺作家和古典文學名著的翻譯家，他特別喜歡野性難馴的流浪貓。我們可以放心地認定〈貓頭鷹與小貓〉（*The Owl and the Pussycat*）一詩的作者愛德華·李爾（Edward Lear）是愛貓人——至於他愛貓的深度，可以透過他在義大利聖雷莫（San Remo）建造的房屋來衡量。李爾擔心搬家可能會讓愛貓不悅，為了盡量減少干擾，他要建築師把他的

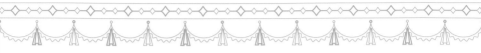

新房子建造得和舊房子一模一樣。

當然，當時英國文壇最偉大的人物要算是查爾斯·狄更斯（Charles Dickens）了，我們同樣可以把他列為貓迷。他收養了一隻名叫威廉（William）的白貓，唔……不過等牠在廚房生下一窩小貓後，只好改名為威廉米娜（Williamina）。其中一隻特別專橫的小傢伙堅持要在作家工作時蜷曲在他的腿上——如果這隻貓寶寶得不到牠想要的關注，就會伸出爪子拍熄書桌上的蠟燭，表達牠的需求。桌子上的蠟燭。哈，好大的膽子！但結果卻讓狄更斯更加喜愛這隻小貓，牠就如此這般吸引了作家，進入他的心房，從此被親朋好友稱為「大師的貓」。

但我不想把情況描繪得過於美好。再一次地，我們的崛起並非沒有阻力，因為英國人是一群老頑固，幾個世紀以來，他們的感情一直傾注在他們精心培育的犬類身上。這種偏見的程度嚴重到當維多利亞女王要求為皇家防止虐待動物協會設計紀念章時，藝術家送來的樣本描繪了所有的生物，只除了貓！這回可好，他們惹火了女王。維多利亞明顯地對貓情有獨鍾，尤其溺愛一隻名叫白石南（White Heather）的安哥拉貓，因此她不滿地退回樣本，並附上簡短的便條。女王建議，紀念章裡必須包括貓，以抵消歷史上對我們這種動物的反感；用女王的話說，我們「普遍遭到誤解和嚴重的虐待」。

天佑女王！但這個事件也證明，還有很長的路要走。自告奮勇承擔這個任務的人是哈里森·魏爾（Harrison Weir），他的職業是藝術家和書籍插畫家，但後來卻以「貓奴之父」而聞名。一八七一年，他不辭辛勞主辦了一場貓展，以提高我們在英國社會上的名聲。其實這並不是第一次貓展，因為即使在黑暗時代，也有人辦過貓展。但那些展覽本質殘酷，比較像是怪胎秀，觀眾厭惡地看著被關著的可憐貓咪，牠們和稀有品種的兔子和天竺鼠一起展示。但威爾的節目是要藉著展示我們最好的一面，來消除那些時代的記憶；這是美麗動物的奇觀，讓人們明白我們是值得在最美好的家庭中占據一席之地的夥伴。此外，這次的活動安排了很好的會場：魏爾訂下了倫敦最負盛名的場地水晶宮（Crystal Palace），他打算在這座標誌性的建築中，按照純種狗展的方式舉辦一場貓展。且慢——在水晶宮辦貓展？對大多數民眾來說，這個點子未免荒

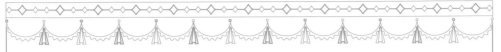

唐！這是在人們還沒有給貓分類別的時代，只是統稱為貓，因為人們都認為幾乎不可能控制我們配種繁殖，也很難為我們的品種設訂標準。狄更斯本人——記住，他是我們的支持者——就曾打趣說，人類如果要監管貓的性生活，一定會像監管蜜蜂一樣「成功」。

那麼這場正式的展覽可以設下哪些類別呢？魏爾竭盡所能，根據我們的外觀分成幾組。參展的貓被分為黑白組（以及白黑組；為了本次展覽之所需，兩者被認為是不同的類別）、花斑、玳瑁貓，甚至——坦白說，這樣區分有點無禮——胖貓。「很多人都冷嘲熱諷或者奚落我。」威爾回憶道。這也難怪，因為對大多數人來說，這實在就像是一場災難。

儘管如此，仍有一百七十隻貓響應號召，牠們的人類同伴冒著譏嘲讓牠們參與盛會。威爾的批評者料想這次展覽肯定一敗塗地，水晶宮成為一場大混戰光采奪目的場地，憤怒的貓發出嘶嘶聲、吐口水、伸爪襲擊並互相追逐。這些都是可能發生的危險，甚至魏爾本人也感到懷疑，承認自己在去展館的路上十分緊張。可以信任貓會守規矩嗎？觀眾只是為了嘲笑而來捧場嗎？如果活動失敗，扭轉貓咪形象的志業又會有什麼樣的後果？在水晶宮舉行的不僅僅是一場展覽，而是一場考驗，是個公開爭取厭貓者的機會，並證明我們收復的失土是我們應得的。但這場豪賭有引發貓咪災難的風險，從而毀了在上一世紀所得到的進展。

七月十三日是決定命運的日子，雖然整個倫敦可能疑慮重重，但貓咪卻非常篤定。魏爾抵達時，他看到了一個遠超出他最大預期的景象：牠們在那裡，一群花色各異的英格蘭最自豪的家貓，打扮得花枝招展，每隻貓面前都放了一小碟牛奶，所有的貓都從容不迫地坐在墊子上，一聲抱怨也沒有。彷彿牠們知道這是個懸而未決的關鍵時刻，因此以最美麗的姿態坐在那裡，不僅代表牠們自己，也代表著無數世代就在等待這個機會的貓。

啊，但是教人擔心的民眾呢？當門打開時，不可否認，人部分的人都是滿懷好奇而來。但一走進大廳，他們的假笑就停止了。當他們在一排排繫著緞帶的貓咪中漫步時，非但沒有笑，反而感到佩服。消息傳開，越來越多人前來參觀，人潮洶湧，摩肩接踵，非得使盡吃奶的力氣，才能看一眼貓。到最後，大

約有二十萬人來參觀。

這成了倫敦的話題！大獲成功！嘲笑變成了喝采！

當然，還要頒發獎項。獎金微不足道，整場比賽總共還不到一百英鎊。一隻名叫老太太（Oid Lady）的十四歲虎斑貓抱走了總冠軍，這或許是意料中事，因為牠（咳咳）是魏爾自己的貓，而魏爾恰好是賽事的三位評審之一，另一位則是牠的親兄弟。但是你會為牠得獎而抗議嗎？要是我，當然不會。老實說，我們貓根本不在乎獎杯，而這個獎項是表示魏爾為我們爭取成就的認可。此外，真正的獎品並不是評委頒發的，而是整個倫敦表決出來的：尊重。由這一百七十隻貓平分這個獎品，牠們全都表現出最高級別的冠軍姿態。

當然，光是贏得一場小規模戰鬥，並不能算贏得一場戰爭，但我們在水晶宮取得的壓倒性勝利，使得這個結果順理成章。接下來有更多的展覽，魏爾表示他希望這能為我們帶來更多的正面印象，並改善我們在整個社會的待遇。效果達到了——而且不僅僅是在英格蘭。兩年後在格拉斯哥舉辦了蘇格蘭的第一場貓展，一八八一年，布魯塞爾呼籲在歐洲大陸舉辦首場貓展。當時一群雄心

勃勃的澳洲人已經在千里之外遙遠的雪梨舉辦了貓展！不過他們在南半球有點操之過急，主辦者自己也承認這次活動失敗了，因為只有四隻貓參賽。啊，但這是一片廣大的不毛之地，澳洲的貓需要更長的時間來傳播消息。七年後，四十一隻貓響應號召，到布里斯班參加展覽，大約有三萬人前來參觀。我們在地球的另一端有了好的開始。

那是個狂亂的時代，雖然新的貓迷對貓所知仍然甚少，但他們的熱情無可厚非。愛爾蘭在一八七九年舉辦第一場貓展，廣告中宣傳將會有類似馬戲團的活動：有軍樂隊、一個冰窟，以及在幾年前死亡的基爾肯尼（Kilkenny，位於愛爾蘭島南部）凶猛公貓的遺骸。參展的活貓大約有兩百五十隻，據說涵蓋了所有已知的種類，其中包括一隻毛茸茸的白色安哥拉貓（Angola，非洲西南部國家），雖然我猜他們指的是土耳其安哥拉貓（Angora，土耳其首都。土耳其安哥拉貓是一種品種古老的長毛貓）。其實先前在英格蘭的一場貓展中確實有一隻獨特的非洲貓，名叫馬宗加（Majunga），據說來自馬達加斯加，是極不尋常的品種，對於「不熟悉貓的人來說，牠長得很像猴子」。這確實是

一種非常稀奇的貓：主辦單位不知何故，將狐猴誤認為非洲貓。

十九世紀末，歐洲各地都籌辦貓俱樂部，其中有些甚至是國家機構，人們對特定品種產生新的興趣，釐清了兩個安哥拉之別，不再有馬宗加之誤。關於我們的書籍也大量出現，為養貓新手提供了重要的訊息。最初為照護我們而產生的科學名為咪咪學（pussyology），不過因為涉及女性生殖器，最後尷尬地退場了。這些早期專家的建議，用當時的名詞來說，根本是「瞎掰扯蛋」（poppycock）。一位作者建議每天餵我們兩次……好吧，這點我不反對，但是……她推薦的飲食是麵包牛奶或燕麥粥。其他的專書則強迫我們順應維多利亞時代的社會習俗，試圖藉此解讀貓的類型差異。有人稱讚一隻黑白相間的雄貓是貓中紳士，是不屑捕捉囓齒動物的那種傢伙。真的嗎？幸好砲艦紫水晶號的賽門沒有聽過此說，對船員來說是件好事！還有人說，棕色虎斑貓相當於堅強的工人階級。

嘿，他們談的就是本書的敘述者，敝人在下我！

不過這個說法可能沒有貶意，因為到十九世紀末，我們在全歐洲都被列入工資名單上。這始於一八六八年的倫敦郵局。當時老鼠與郵政匯票局打起了游擊戰，牠們在深夜反覆出動，咀嚼各式各樣的紙張，其中有些是印有數字的長方形紙條，人們非常重視它們，稱之為「鈔票」，而且毫無疑問，這些東西遺失引起了辦事員的注意，但他們全都鬥不過老鼠——老鼠真是太狡猾了！他們後來要求撥款，讓他們可以為辦公室聘請三隻貓。

這個要求非比尋常，但在經過解釋說，這三隻貓可能為郵局節省的費用遠遠超過牠們的成本後，郵政局長批准了。就業是一個出乎意料的轉折，因為當時的貓並沒有積極地找工作。然而擁有工作在人類社會中是個重要的認可，就算沒有其他效用，至少也進一步證明我們恢復了聲譽。考慮到你們長久以來對我們有多惡劣，做些補償也不是沒有道理。但是一隻貓的勞動價值是多少？正是這個問題，我們頭一次了解工作世界的現實，而且這可不是愉快的教訓。

原來職員為我們要求的酬勞並不是薪資，因為貓不會收到實際的薪金。在這一點上，我並不覺得是什麼侮辱，因為說實話，人類是唯一在乎累積金錢的物種。這筆錢的用處是為了保證能供養

牠們，畢竟這是我們真正關心的事，而且如果貓是為社會公益工作，那麼牠們的需求就該由公庫提供，這似乎是公平的提議。郵局要求的數額並不多，每週僅需兩先勞即可支付三隻貓的費用。然而我卻感覺到重大的侮辱，因為局長以費用過高為由，拒絕了這個金額，而提出恰好一半的酬勞，每週一先令，也就是說，十二便士。

請不要跟我說「好吧，隨著通貨膨脹……」，因為我們談的是十二便士。一週。供三隻貓用！人類把這種行為稱為「節儉」，並認為這是美德，而我們貓則稱之為「廉價」。

即使對一隻貓來說，這樣的金額也活不下去。郵局的好心員工站在我們這邊表示了抗議，解釋說一先令或許可以偶爾提供一點牛奶，但僅此而已。但他們遭到了嚴屬的反駁：貓不能眼睜睜地

看著公庫出錢給牠們吃飯，而是要吃辦公室裡的老鼠，既消滅了老鼠，又能為局長節省伙食費。此外，六個月後要評估三隻貓的生產力，如果牠們的工作表現教人不滿意，微薄的薪水就要進一步削減。

天哪。想一想，從史前時代開始，經過幾千年的演變，這就是你們想出的經濟體系？我想這些貓應該認為自己很幸運，竟然還可以拿到薪酬，而沒有因為牠們吃了郵局的財產——老鼠——而向牠們收費。不過

牠們會表現給局長那個鐵公雞看！不，不是藉著成立工會——集體行動不是貓的作風。相反地，牠們盡了最大的努力，打破了齧齒動物對郵局的箝制，讓人們對牠們的價值刮目相看。喔，牠們受到多麼高的稱讚啊，牠們的主管稱讚這三貓組「服務的熱忱值得誦揚」。

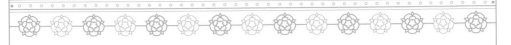

既然這三隻貓證明自己的表現超出了人們最高的期望，那個吝嗇的郵局局長別無選擇，只能表示關切。而且他確實印象深刻，因此他……竟然扣了牠們的工資？沒錯，牠們的工資被減了正好一半，只剩區區六便士。總局解釋說，這些貓的工作表現非常出色，很難想像除了散落在郵局辦公室後面一大堆血腥腐臭的老鼠屍體外，牠們還需要其他什麼食物。

和英國郵局打交道不可能有勝算，但也只好如此，因為這三隻貓的成就遠遠超過局長的寶貴銀子。當那些埋頭苦幹、兢兢業業的貓殺死一隻又一隻的老鼠後，其他分局也開始爭取資金，好雇用他們自己的貓。接著這個點子從郵局傳播到政府機構的其他單位，徵求啟事也張貼出來：「徵求貓，有捕鼠經驗者優先。」到一八八三年，最教人意想不到

的求才告示出現在倫敦唐寧街十號。這地址怎麼聽起來很熟悉？它就是大不列顛首相辦公室所在地！唔，你知道那句關於政壇鼠輩的老話吧？唐寧街十號就有這號人物，還有老鼠，解決方案就是在這個權力中心聘請我們。當然，待遇一樣少得可憐（每天一便士，用於餵養），但這份工作可是有職稱的。由於這些事情和治國有關，必須按規矩來，內閣辦公室捕鼠長的職位就此設立！

這裡很快就成了工作貓的世界，不久整個歐陸都雇用我們，從瑞典一路到西西里島，在郵局和倉庫甚至證券交易所（老鼠在這裡啃咬股價行情紙帶──牠們真的無所不吃！）。當法國軍隊為貓制定預算以保護倉庫和駐防地，甚至將國家安全也託付給我們可靠的貓爪，拿破崙一定氣得要從墳墓裡爬出來了。德國人有段時間

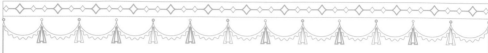

也有同樣的做法，直到有位天才科學家想出一個絕妙的主意，用一種霍亂菌株感染老鼠，藉此殺死食堂中所有的老鼠。唔，把霍亂病菌引入存放食物的地方，會出什麼樣的差錯？有時候傳統的辦法真的才是最好的辦法，所以貓很快就回到了工作崗位。

我們重新登場，雖然離美索不達米亞的田野已經有很長遠的距離，但可以肯定的是，我們勞動的成果仍舊與幾千年前一樣：我們的辛勤努力鞏固了我們在社會中的地位，並讓我們得到懂得感恩的人的歡心。隨著我們越來越受歡迎，許多派駐在辦公室和倉庫裡的貓不再只是勞工而已。牠們往往比人類同事更廣為人知，最後成了代表雇用牠們機構的吉祥物。

在最早一批因此而聲名遠播的貓中，有一隻名喚黑傑克（Black Jack），任職大英博物館。牠原本是負責捕鼠，但最後卻擔任了巡迴親善大使的角色。遊客喜愛牠，許多人專程來看牠，而不是來看舉世最好的古董收藏，工作人員隨時得準備好打開各扇門，以便牠在博物館那些神聖的廳堂和畫廊中漫步。什麼？現在變成人為貓服務？我們可能會喜歡這個現代世界！

但是有一天，牠在好奇心的驅使之下，走進了圖書館。而工作人員正好躲懶，沒有任何人在場為牠開門。牠發現自己被困在圖書館裡，於是花了一整天時間用書架上的書來試爪。牠只是善於利用時間，但突然間，保守派露出了醜陋的面目：「看看牠幹了什麼好事，我們早就告訴過你們，不要讓貓進博物館！」他們喊道。先前所有關於我們是有害的動物、不可信任、不忠誠、自私，除了我們自己外什麼都不關心的論調又甚囂塵上，黑傑克不是就證明了這一點嗎？

雖然宣稱貓是惡魔，把牠扔進柴火焚燒的日子早已過去，但人們依舊可以把牠拖進動物收容所，關進籠子裡──而且他們一心想要這麼做！黑傑克現在從博物館消失了。不見了，一聲喵都聽不見，愛牠的人都很傷心。在我們就快要贏得人心之時，卻還是發現自己仍然很容易受到人類敵意的傷害？我們的對手現在開始封上大門──確確實實是如此，因為他們警告說，大英博物館裡不會再有貓了。

然而他們的聲音只在被遺忘的過去裡迴響，大門再也關不起來。黑傑克不在籠子裡，牠的朋友多於敵人，他們團結起來支持牠，在任何懲罰之前，他們就把牠帶走並且藏起來。過了一段時間，足以讓怒氣冷卻下來，直到某個重大而決定性的日子，博物館的大門被一名工作人員以歡迎的姿態打開。不論是誰看來，第一反應都會是驚訝……，因為什麼都沒看到，門外似乎一片空蕩蕩，根本沒有人要進來！但當他們往下瞧時，發現果然有人在場。走過大門的是一個熟悉的身影，個子只有那麼高，從肩頭到地大約一英尺。

黑傑克大步向前，返回博物館。眾人歡欣鼓舞，牠的朋友聚在一起歡呼喝采，歡迎牠回來──而牠的對手完全無法阻止牠！貓將會再次在博物館神聖的廳堂裡漫遊，分享歷史的寶藏。好吧，人人都承認這很公平，而且我們的故事都講到這裡了，我想你們也會覺得如此。畢竟在創造歷史的過程裡，我們又不是沒有貢獻一爪！

是的，我們將會喜歡這個現代世界。隨著十九世紀消逝，我們漫長的流浪也告一段落。我們再度站在你們的身邊。要是那幾代以街道為家，以垃圾為食的貓現在能看到牠們小貓孫的情況就好了！牠們會多麼驚訝？知道自己堅持不懈的努力並沒有白費，自己的痛苦現

在得到了救贖，因為新世代的貓重新受到歡迎和恩寵，牠們該多麼自豪啊。

但是我們的旅程還沒有結束。我們最後的航程即將啟航，因為我還有最後一個故事要講，而它也再次充滿危險和勇氣。這場盛大的冒險，如果我可以暢所欲言的話，是所有冒險中最偉大的。從沒有貓能如此正面地迎向未知荒野的挑戰，而我們面對這個新逆境的勝利很可能成為我們至高無上的榮耀。因此，如果你們願意繼續跟著我，我想要講述在我自己美洲原鄉的貓故事。朋友們，讓我們回到船上，帶上你們所需要的一切，因為我們要前往新大陸！

上圖·我們在十九世紀重回了人類的懷抱。
這張貓和女孩的聖誕卡是由波蘭裔的印刷商
路易·普朗（Louis Prang）於一八九〇年所設
計。先前你們認為我們是魔鬼的僕從，我們幾
乎不可能被畫在聖誕賀卡上！

左·我說過法國前衛藝術家欣然接納了我們：《貓的約會》（Cats' Rendezvous）是印象派之父愛德
華·馬奈（Édouard Manet）在一八六八年所作的版畫，描繪碼頭上的生活。人們認為馬奈突破了藩
籬，開現代藝術之先河。他自己的貓是隻黑白花貓，名叫齊齊（Zizi）。

182

English Cats on Exhibition.

The English have just made a magnificent cat show. The feline show was a grand success. The number of animals exhibited was one hundred and seventy, and the number of prizes given fifty-four—amounting to about three hundred dollars. The great drawback was the difficulty of seeing the cats, owing to the crowd of visitors. Some were valued as high as five hundred dollars.

A cat show!—how absurd!—what nonsense! has been heard on all sides; but somebody considered that there was as much sense in having a display of "mousers" as in having a bird, dog, horse, or ordinary cattle show. The matter determined, an advertisement and invitations were issued, with offers of money prizes, and after immense difficulty on the part of the managers in getting the cats up to the scratch, this day offered to all comers a very large, varied, and really interesting collection of British and foreign cats, ranged in two rows of cages down that part of the nave known as the Tropical department. There are no less than twenty-five classes, some of which contained many entries.

Among the most interesting are the foreign animals, such as the fine-looking Tom, in one of the cages, a native of Africa, looking with his tawny coat and well-developed mane, like a degenerate descendant of the lion. Or, again, the sleek, dun-colored cats, with smutty faces, natives of Salem, and the long-haired Persian or Angora cats. In one cage, crouching back with flattened ears and glaring eyes, lay a genuine wild cat, exhibited by the Duke of Sutherland, and close by some peculiar specimens of the Mink cat, a tailless variety, looking as if they were ready, like the fox of the fable, to insist amongst the company assembled that to go tailless was the fashion. The wild cat, whose attention seemed to be divided between the spectators and the birds twittering near at hand, was not the only savage-looking specimen, for many of the animals exhibited were ready to lay back their ears, distend their jaws, glare with dilated eyes, and utter that low feline growl known as "swearing," explaining at once why the attendant busy about the cages had his hands protected by a thick leather glove. Others seemed utterly cowed by the novelty of the scene, and shivered and uttered their "mew," while a far larger proportion lay in ponderous aristocratic state upon their red or blue cushions, far to an excess, necks adorned with collar and padlock, ribbon or bells, and winked and blinked at their visitors; but refusing the caresses and blandishments offered them, and rejecting as well the milk and pieces of raw meat placed for their re-fection. And no wonder, for there was aldermanic repose written in every line of their sleek, glossy, well-licked forms. Fancy a cat of this kind being expected to eat cold meat, after being used to have the bones picked out of its fish by careful hands, and to take its cutlet or chicken every day at noon! For size there was a cat weighing 21½ pounds, being heavier, we were told, than the great Edinburgh cat that its owners would not send. For beauty, white silky-furred animals, whose skin would make ermine look poor; white, long-haired cats, too, with the most beautiful blue eyes, peculiar from the fact of their being deaf. Tawny cats, with large, flat feet, bearing seven toes in front and six toes behind, instead of the ordinary five. Here was a genuine tortoiseshell Tom, and there a spotless white lady formed a group with her family of three perfectly white kittens. One huge fellow was peculiar from his resemblance to the stuffed tigers in the case hard by.

In another cage—not for compet—was the favorite cat of one of the judges, Mr. Harrison Weir, the well-known animal painter—his brother, and Mr. [ ]dona, of St. Bernard dog celebrity, [ ] the other judges. Mr. Weir's cat [ ] sleek blue tabby, of a placid disposi[tion] fond of stroking, and given to [ ] She is known as the "Old Lady" [and] has attained to the venerable feline [age] of twelve. One Manx Tom was evide[nt]ly the hero of a hundred fights, for [his] ears were laced, goffered, or pinked [in] a shreddy pattern that told tales of [ ] a scrimmage. He kept himself in [ ]ting posture, as if ashamed of the [fact] that he had no tail, and then utter[ed a] low "mew," as if of pleasure, as he [ ]across to where one of the mamma[ ] was carefully washing her offsp[ring] heedless of all lookers-on. The am[ount] of domesticity exhibited by the diff[erent] animals was remarkable. Amongst [the] Toms generally there was either a [dis]position to lie in sullen apathy, or [ ] to give symptoms of an imitation of [the] celebrated old blacking advertise[ment] where the cat glares with arched [back] and bottle-brush tail at its resem[blance] in the polished boot. The female[s], on the contrary, responded freely to [the] visitors' caresses, and purred to [the] praises of their proportions.

The managers, we are told, have [had] great difficulty in persuading peop[le to] part with their pets, and while the u[pper] classes have responded, poorer pe[ople] who owned the commoner kinds, e[ither] from timidity or want of knowledge [of] the subject, have refrained from e[nter]ing their purring favorites for one [of the] seventy-five prizes, in sums ranging [from] ten to thirty shillings. Altogether [the] show was very interesting, though [the] novel assemblage will probably p[refer] trying to the birds when night fall[s and] the part singing begins.

THE ILLUSTRATED LONDON NEWS, July 29, 1871.—69

PRIZE CATS AT THE CRYSTAL PALACE CAT SHOW.

水晶宮的貓展是一個大新聞，連《倫敦新聞畫報》（*Illustrated London News*）都刊登了繪有參展貓咪的版畫。甚至連大西洋彼岸都聽到了這個消息：這份剪報來自賓州的《紐維爾之星》（*Newville Star*）。全世界都注意到了！

上圖，勝利！到十九世紀末，我們已經攻占了不少堡壘，就像普朗在《鼠城老虎》（*Rattown Tigers*）那幅畫中所想像的那樣，我們驕傲地沿著大街前進的。一八九四年的一份版畫雜誌稱讚這些老虎「十全十美」，是對鎮上每一個犯罪分子的威脅！

左圖，在征服了你們的心之後，我們得到了新的角色。我們對舊世界有很多意義，但一直要到十九世紀，藝術家才創造了貓的可愛形象。這是普朗的另一幅版畫《在派對上》（*At the Party*）。

新的
開始
美國的貓

我們現在談到我最喜歡的主題，那就是美國貓的歷史和優良品格，我自己就出身於此。一望無際的大陸就在海洋的對面等著我們，機會無窮的處女地──而且貓的數量明顯稀少。新大陸對家貓一無所知，來自歐洲的貓得要重新經歷全新的千辛萬苦，但經過數個世代的辛勤努力，牠們終於征服了這片土地，把這裡變成自己的家園。在這個過程中，牠們創造了獨特的傳承，使牠們與其他的貓都不一樣，對於這點我們有充分的理由感到自豪。這話聽起來像吹牛嗎？若真是這樣，還請原諒我的語氣，但只要有人與貓相處一段時間，就會知道我們是驕傲的生物，而且我必須放棄謙卑，直言不諱：我們美國貓是一種特殊的貓。

噢，也許我最好先解釋一下我所謂「美國」貓的意思，因為我不打算用這個詞來形容任何在美國的地理邊界中的貓。我談的不是在紐約公園大道有錢人頂樓公寓或者比佛利山豪宅的昂貴純種貓，牠們的血統獲得許多簽名和公證文件的認證，教人以為牠們是皇室的後代。如果讀者和這樣的貓同住，請不要覺得受到冒犯，因為牠們是很有愛心的美好生物，為人類提供莫大的歡喜和陪伴。但在我看來，牠們並不是真正的美國貓。

我們美國貓的聯結並不是來自品種，而是源於歷史。事實上，我們本身沒有品種可言，真正的美國貓是所有種類的貓融匯而成的混合體。你或許會在這裡找到一點斑紋，那裡看到一點三花，在出乎你意料的地方找到一塊白斑，或許在完全不恰當之處看到一抹條紋或一個斑點。要是這些花色不符合純種血統的準則呢？我們一點也不在乎！

是的，我們格格不入，而且為此自豪。我們是流浪貓和街貓，在廢棄的建築物或舊紙箱裡生小貓的那一群，也是你在都市裡的動物收容所和流浪動物之家看到的那些。不過我的意思並不是要勾勒一幅悲慘的畫面，因為我們聰明、堅決、敏捷、公認的頑固，不論我們出生在什麼樣的逆境，都不能動搖我們的信念，那就是世界在我們的掌握中。雖然我們的精神非常獨立，卻依然維持無條件付出的意願，只要我們全心投入，你永遠找不到更好或更忠誠的盟友。

這樣的描述不也適用於美國人嗎？這幾乎不是巧合，因為沒有其他國家的人民和貓的歷史如此這般密切地相互映照。美國這個國家是由被排斥的人、受

到宗教迫害的人，或無法適應舊世界僵化社會結構的人所組成，他們懷著過上美好生活的夢想，冒險穿越了殘酷的汪洋。但回想一下我們在歐洲的黑暗日子，貓不也是遭到拋棄？我們不也在同一個海洋上尋找活路嗎？

因此，第一批抵達對岸的船隻除了人類之外，也載著貓咪難民。當然，你們並不是為了要給我們自由才帶我們上船的。在那個時候，你們人類很少這麼富有同情心。但你們至少有腦袋，不敢在沒有貓的情況下進行這樣的航程，我們擔任了守護重要貨品的傳統職責，跟在你們身旁。然而這些船隻只行單程，當殖民的人類下船時，我們也跟隨在後，成了第一批爪子踏上新大陸的馴化貓。想一想，如果這趟旅程對人來說已經夠艱難，對貓來說豈不應該更困難？只有我們當中最健壯堅強的貓，才能在這樣的航行中倖存下來，然後成功地適應殖民地生活的勞苦現實。

但這些無畏的少數很快就會發現，美國對貓來說是截然不同的地方。舊世界的偏見不再那麼強烈，因為殖民地是由清教徒建立的，他們不需要像歐洲人那樣繼續先前那種大型惡魔表演。在他們眼中，將我們與邪惡聯繫在一起的故事並沒有那種影響力。這些都是務實的人，我們不必擔心他們舉行可怕的酷刑儀式，使我們成為犧牲品，以滿足中世紀死氣沉沉的神祇祂墮落嗜血的欲望。這並不表示人們突然接受了我們；我們仍然是討厭的動物，只是因為捕鼠能力才有一點可取之處。有一段相當長的時間，美國人和之前的歐洲人一樣，認為我們沒有其他的能力。

然而有一個重要的區別：這個新國家人民的特點在於他們足智多謀，追求一切事物最大的實用價值。與古板的歐洲不同，在這裡只要工作出色就會贏得尊重，沒人理會過去的包袱，而說到控制鼠輩這方面，我們的工作表現極其傑出。早期的殖民者看出我們可作盟友，當時有句諺語：「要是你懂得怎樣和陌生的貓結交，好運永遠與你隨行。」這句話指的是善待流浪貓的好處，因為牠們可能會阻止囓齒動物掠奪你的產業或莊稼。農民甚至發明了一種東西，在門口挖個小洞，蓋上蓋板，讓有意捕鼠的貓進入他們的家和穀倉，他們的發明迄今仍在使用：那就是現在的貓門。

這個新興的國家甚至正式任命我們擔任公職，在獨立革命後不久，美國成為第一個在預算中撥款給貓的國家。甚

至在英國人雇用郵政貓之前，美國政府就已經做了財政規畫，供養保護郵件的貓，每年撥款一千美元作郵務貓的伙食費，按各城市處理的郵件量發放。一百美元撥給紐約郵局的貓，十美元撥給費城，以此類推。這樣的工資就和在英國一樣很低，而且這筆錢連救濟都算不上，因為我們的晚餐仍然是血淋淋的老鼠，不過至少這個新成立的共和國認可我們，承認我們為美利堅聯邦作出有價

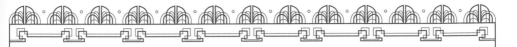

值的貢獻。

美國陸軍對我們有更多的認可。到十九世紀初，貓已經成為軍糧倉庫的標準配備人員，感激我們的食堂官員對我們有極高的評價。美國士兵都知道山姆大叔一定會給他們公平的待遇，這回我們總算找到了對貓不慳吝的雇主：每一隻貓每年分配到高達十八．二五美元的伙食費，財政部認為這個金額太高，提出異議。但陸軍站在我們這邊，他們必須維持同袍的情誼，堅持旗下的貓要得到妥善地照顧和恰當地餵養。這個價碼相當於每隻貓每天可以吃一整磅的新鮮牛肉！而且不僅如此，軍隊採購員還要求給肉的重量不包含骨頭。

儘管軍方這樣地肯定我們，社會大眾仍然缺乏長遠的眼光，不明白如果以我們作為室友可以提升人生的價值。他們並不是沒有嘗試為我們找到捕鼠之外的角色，他們似乎知道我們的能力不只如此，憑藉著偉大的（有時是莽撞的）創造力，他們決心要解決這個問題。因此在十九世紀，作家、教授和一般思想家開始苦苦思索當時頗為棘手的問題：除了捕殺老鼠之外，貓還有什麼用處？

他們有些相當離奇的想法。一位大學教授建議可以用我們來保護房產免受雷擊。等等……這是什麼意思？他注意到流浪貓經常聚集在屋後籬笆周圍，而閃電很少會擊中後院圍籬。這兩件獨立的事實可能確實如此，但是他提出這兩者之間的關係卻是匪夷所思。他推測貓對閃電有免疫力，而這股力量接著又轉到籬笆上，經過一系列計算，他認定貓可以保護的區域是牠身長的三倍（包括尾巴——所以最好不要用沒有尾巴的曼島貓〔Manx〕）。一名紐約記者則建議，可以用我們來救燃燒建築物中的人。如果我們圍聚在地面上，被困在樓上的人就可以跳出來，落在我們身上，我們的伸展強度和彈性可使他們不致於受傷。哦，還有更具文化氣質的點子，有人希望音樂學校可以教我們用唱歌劇的方式唱歌。

說明：以上計畫都沒有實現。十九世紀的美國人對我們並非沒有遠見，因為他們顯然有很多點子，只是因為幾個世紀以來的迷信和嚴重的誤解，使他們看不出他們可以將我們當作同伴。哦，有些貓取得了真正的進展，其中一對名叫泰比（Tabby）和迪克西（Dixie）的小貓，牠們一路前進到了白宮。牠們是國務卿威廉．西華德（William Seward）送給林肯總統（Abraham

Lincoln）的禮物，林肯很快就愛上牠們，甚至允許泰比直接在白宮的餐桌上吃飯。一隻小貓在權力的中心大快朵頤！以墨守成規知名的第一夫人抗議說，牠的行為貶低了他們的地位，但綽號「誠實的艾比」（Honest Abe）的林肯卻胸有成竹。他爭辯說，如果他的對手前總統詹姆斯·布坎南（James Buchanan）能在白宮餐桌上用餐，貓就沒有理由不能。在這個例子裡，林肯先生確實贏得了「偉大解放者」的美譽！

不過這樣的勝利很少見。這麼說吧，在這個時代，最出名的貓甚至不是活著的貓。有隻在一八八〇年吸引了社會大眾的興趣，當時牠被困在華盛頓紀念碑裡，被迫從五百英尺高的窗戶縱身一躍。令人驚奇的是，這隻大膽無畏的貓並沒有摔死，在牠一瘸一拐試圖走開時被一隻狗咬死。這個離奇的故事成了頭條新聞，目擊事件的幾名維修工人找回了貓的屍體，經過填充處理，陳列在史密森學會（Smithsonian Institute）。還有作為密爾瓦基記者俱樂部吉祥物的木乃伊貓，這個可憐的生物被困在一棟建築中的牆壁之間，因而死亡，人們將牠按照原樣保存了下來。當地的一群記者很無厘頭地認定，這隻死貓是他們職業協會的理想吉祥物，所以他們把牠埋在一個巴洛克風格的木箱中，放在他們最愛去的酒館裡。他們可以不時地在那裡為它乾杯，而且在記者認為有必要的遊行和其他類似活動中，也會定期把木乃伊抬出來，招搖過市，甚至任命它為當地書記節的守護神。雖然人類或許能從這其中感到某種古怪的吸引力，但由貓的角度來看，把這種自以為是的幽默投射到一隻經歷了可怕而孤獨的死亡的貓身上，實在教人不以為然。再想想這些專業的抄寫員為這隻貓選擇的名字，更讓人不敢苟同：阿努比斯（Anubis），一隻古埃及狗的綽號。

對於貓來說，美國仍然是個冷酷無情的世界。但我們的地位卻因史上最勇敢最堅毅的一些貓而永遠地改變了。美國自詡是機遇之邦，但東岸擁擠不堪的城市和骯髒的貧民窟只為非常少數的人實現了這樣的承諾。再一次地，你們人類中更勇敢的人開始遷移，孤注一擲，要往廣袤的西部大地展開新生活。這些拓荒者穿越洛磯山脈，新的農場和城鎮開始破土動工，即使地勢險峻無情，但至少他們可以稱之為自己的土地。陽光燦爛，天空湛藍，一望無際的地平線兌現了自由的諾言。

但拓荒的邊疆也有一些不太討喜的東西：老鼠，而且為數眾多；在如此遼闊的地方，只能依賴抓鼠專家的爪子。美國西部迫切需要我們！我們再次回應召喚，隨著十九世紀的發展，貓開始逐漸出現在偏遠地區。但這些勇猛強悍的貓是從哪裡來的呢？有些是跟著馬車隊來的，有先見之明的人想到要帶著貓。其他則是從墨西哥北上，牠們先前乘著西班牙的大帆船抵達中南美洲，並且與西班牙傳教士一起朝北走，將美國西南

部畫歸己有。還有一些則篳路藍縷，牠們是真正的開拓先鋒，從東岸沿海的大城市向西遷移，越走越遠，終於跨過密西西比河。

就像殖民新大陸的那幾世代航海貓一樣，邊疆貓天生強壯而聰明。牠們也是很有價值的商品，尤其受牛仔歡迎。牛仔帶著幾個月的補給品，田鼠的掠食對他們來說可能意味著災難，儘管他們剛強而獨立，卻依然需要我們的幫助。雖然你可能在西部片裡看不到這些，但很多牛仔和我們一起穿越平原，我要告訴各位：他們為我們的服務可是付了高昂的價格。

想想一八八〇年代在亞利桑納州，一隻貓的定價——任何一種貓，都是十美元。在一個月的工資可能才僅僅二十多美元的時候，這可是一筆不小的數目。不過這個數字是由市場本身決定的：我們根本供不應求。同時，中西部的創業家也大賺了三倍，他們大量買貓，然後用火車把我們運到南北達科他州。在阿拉斯加，我們的價值相當於我們體重的黃金——確實是如此，迫不及待的礦工用砂金來買貓。

你可能會問，在邊疆捕鼠不就是和以往一樣的老套工作嗎？我不能否認這

話的真實性，但這是一個新世界，未必保持傳統的角色和習俗，因此為有足夠勇氣在社會上爭取一席之地的貓提供了機會，許多貓接納了這個挑戰，並在這樣一個過程中讓社會大眾對貓的看法有了新定義。例如一隻來自鹽湖城的大公貓湯姆（Tom），牠一直和一個名叫約翰·韋斯特（John West）的人同住，直到有一天，湯姆叼走一條比目魚，韋斯特先生認為魚屬於他（當時和現在一樣，家中的食物歸誰所有是貓和人爭執的常見問題）。韋斯特先生非但沒有為此事展開和平談判，反而勃然大怒，把湯姆塞進一個袋子裡，藏在開往加州火車的一個座位下面！火車大約行駛了三百三十七英里後到達內華達州的卡連特（Caliente），車上的工作人員聽到湯姆的喵喵聲和袋子的沙沙響，他們找到這隻可憐的貓後，讓牠陷入更嚴重的困境——牠沒有票，所以只好滾蛋。

但正如我說的，在邊疆討生活的貓生性聰明強壯，湯姆知道牠得怎麼做。鹽湖城的那棟房子雖然是韋斯特先生的，但也是牠的，放棄它未免太過分了。牠轉身朝東行走，越過高山和沙漠，在危險的捕食動物出沒的地盤上，忍受酷熱的白晝和寒冷的夜晚。儘管牠

從沒走過這條路，但三週後牠準確無誤地出現在家門口。牠當然筋疲力竭，但牠想要一樣東西，而且發出命令：趕快送上晚餐來。韋斯特先生對牠刮目相看，不但送上晚餐，還發誓再也不趕牠出門。湯姆已經證明牠是他們倆中更勇敢的那一個，因此掙得了一個家裡應有的永久地位。

同一時期詩人賽·沃曼（Cy Warman）提到另一隻先驅貓的故事。他年輕時曾為鐵路公司工作，被稱為「洛基山遊吟詩人」。在沃曼受僱於西線鐵路公司（Western Line）期間，曾收留一隻住在鐵路調車場的黑色母流浪貓，並和牠一起旅行過無數里程，雙方變得非常親密。在沃曼離職的那一天，他決定帶牠一起走。他在火車上找到睡在煤堆上的牠，於是呼喚牠，牠拱起背發出熟悉的呼嚕聲回應，隨後站起身走過來。但走到他和火車中間時，牠突然停步，一動也不動。接下來在牠猶豫不決的那一刻，調車場充滿了焦慮的氣氛，這狀況最後被一聲教人心疼的喵喵聲給打破。貓的雙眼凝視著沃曼，在接下來又一次彷彿長達一天的停頓後，牠轉過身，頭也不回地回到火車上。

黑貓知道牠的人類朋友要離開了

（我們一直都明白！），而且牠知道必須做出抉擇。我們很清楚這種選擇很困難，儘管與有愛心的人在一起過舒服的生活很有吸引力，但牠是一隻墾荒的貓。牠選擇了火車——骯髒的煤堆，而不是舒適的床上；是速度和力量的感受，而非在門廊上懶洋洋地打盹；是一望無際的田野，而非精心照料的花園。牠選擇搭火車，讓清風拂動鬍鬚。至少在接下來的幾年裡牠一直過著這樣的生

活，直到那個不祥的日子，火車出軌，司機死了，他的身體斷成幾截，人們在幾英尺遠處發現了貓，牠的身體癱軟，已經沒有氣息。牠從哪裡來，在鐵路調車場之前過著什麼樣的生活，沒有人知道。但鐵路公司的人都知道牠是全美國（和全世界！）唯一一隻鐵路貓。

牠選擇了自己生命的道路，至死不渝，即使在拓荒者中也是先驅。但這就是邊疆的本質！生活不易，但這也是舊身分被遺忘，新身分建立起來的地方。情誼在孤獨的西部天空下成長，在那廣大的天地裡，一個古老的想法重新滋長：以貓為伴。有兩個邊疆同時被西部貓征服了，不僅是地圖上顯示的邊疆，也是人心的邊陲。想想鐵路的員工和那隻漂亮的黑貓吧！他們絕對想不到自己會和一隻貓車掌一起在鐵路上馳騁！認識牠，了解牠，在燃燒煤炭的氣味中分享歡笑和喵喵叫。想想我們坐在牛仔馬鞍的邊角後面，和他們一起越過千里之遙。在人跡罕至的空曠小徑，他們同樣也了解了我們的方式。你能想像在繁星點點的夜晚，他們在營火旁彈奏吉牠，給貓朋友獻上一曲，而牠們也以滿足的呼嚕聲作為回報？

當時的美國，文化很自然地由東向西流動，重要的思想和態度從波士頓或紐約這種知識中心向西傳播。但是有關貓的知識散布過程正好相反，西部人敘述著關於貓的謎團如何被解開，這些見識開始向東滲透。我們隱藏的動機實際上沒有那麼神祕。美東的人帶著敬畏和驚奇也許還有一點尷尬，了解到他們尋求的答案實在太明顯，反而教他們猜不到：貓可以單純地作他們的朋友！

就像在歐洲時一樣，這個想法也開始滲透到美國作家和藝術家之中。二十世紀頭十年是一段教人振奮的時期，在這段期間著名的作家、詩人和畫家開始厭棄狗，而被我們吸引，人數多到令人眼花繚亂。很快地許多名聞遐邇的美國文人為我們發聲。馬克吐溫在康乃迪克州的家裡養了幾隻貓，他得出的結論是：他比較喜歡貓而非人類。他以特有的幽默（也許還加上誠實？）宣稱：「如果人能和貓雜交，結果是人會變好，貓會變壞。」H. P. 洛夫克拉夫特（H. P. Lovecraft）則是更有力的貓咪擁護者，他在貓身上找到了他筆下那種極度恐怖的解藥。他說：「在漫無目標的盲目宇宙中，美是唯一的生命原力，而貓就是抱持這種想法者的良伴。」

接下來許多世代的作家和藝術家也

衷心喜愛我們，因此可說貓就是美國的繆斯女神。不要對這個說法嗤之以鼻！不妨想想在這張名單上一些令人驚訝的名字。人們總以為海明威是典型的硬漢，但他十分迷戀一位船長送給他的六趾貓，因此在佛羅里達西礁島（Key West）的家裡養了一窩這隻貓的後代，至今仍被稱為「海明威貓」。威廉·巴勒斯（William S. Burroughs）或許是反主流文化的偶像，但他對動物的品味沒什麼奇特之處：他喜歡貓，和更多的貓！他相信人貓關係的本質是心靈上的，而且可以給你們帶來某種形式的啟蒙。他曾坦承：「我和愛貓的關係把我從無所不在的致命無知裡拯救出來。」

至於在視覺藝術家中，我們可以宣稱美國藝術史上最偉大的人物是我們最大的支持者：安迪·沃荷（Andy Warhol），他曾在紐約萊辛頓大道的公寓裡同時養二十五隻貓，全都是暹羅貓，除了其中一隻，其餘全都名叫山姆（Sam）。沃荷對貓的熱愛由來已久，早在成名之前的一九五四年，他出版的第一本書內容是一系列貓的版畫，現在早已價值連城，好幾本賣到了幾萬美元。沃荷甚至容許他的貓在他的作品上蹦蹦跳跳，在有些畫上，仍可見到牠們的爪印。糟了！那會不會造成問題？沃荷可不覺得如此；他總是樂於接受朋友的一點小幫助。

的確，貓是美國的繆斯女神。到二十世紀頭十年，這個國家已經進入了貓的時代，潮流轉變得如此之快，就像終於拔開了一個塞子，積壓了幾個世紀的情感傾瀉而出。

美國東北是這股新興狂熱的原爆點，《波士頓郵報》（Boston Post）甚至為我們闢一個專欄：「新英格蘭的名貓」。這是第一個專寫貓的報紙專欄，公開表揚當地的傑出貓咪。有些故事很有影響力，比如米妮（Minnie）的事跡，牠因兩度死而復生而獲得讚揚。

米妮在一棟房子著火時被嚴重燒傷，到場救火的消防隊員看牠毫無生氣，因此把牠的屍體扔到消防車上，準備丟棄。但第二天早上，他們聽到微弱的喵喵聲——雖然牠一動也不動，燒得焦黑，但仍然活著。消防隊的人照顧她，雖然過了很多天牠才能活動四肢，但最後牠還是完全康復了。消防隊員發現他們的善舉得到了回報，他們得到一位滿懷愛與忠誠的朋友。他們十分喜愛米妮，因此將牠當成消防站的吉祥物。這有什麼了不起之處？記住，消防隊員

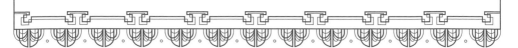

應該養狗作為吉祥物，通常是大麥町。但雲梯消防隊第二十四支隊可不然，他們選了一隻貓。我們往前走了多遠啊！

　　就在這些年的急速變革中，美國最偉大的一隻貓嶄露了頭角。牠名叫傑瑞‧福克斯（Jerry Fox），是出身布魯克林的混種流浪貓，身世不明。牠透過天生的可愛和魅力，在市府辦公室榮任「區政貓」的職位，我要指出這個職位是為牠而發明的。傑瑞最著名的特點就是牠戴著眼鏡，沒錯，就像四眼田雞一樣。人怎麼為貓驗光，就連我都猜不到，但這是本世紀初有據可查的事實，顯然傑瑞的視力正在惡化，因此配上了為牠的小臉量身打造的眼鏡。

　　此後，傑瑞鼻子上戴著眼鏡，坐在布魯克林區政廳的臺階上，路人會把報紙放在牠面前，讓牠假裝在看報。有人甚至懷疑是眼鏡——或者該說，因為沒有眼鏡——造成牠的死亡：一九〇四年的一天，牠沒戴眼鏡就出門了，盲目地四處遊蕩，結果掉進了最近正在維修自來水總管而挖的洞哩，這場不幸後來變成了悲劇，因為維修人員不知道可憐的四眼田雞傑瑞在裡面，把水管封了起來，直到一年後再次把洞挖開時，才發現牠的遺體。

不過傑瑞悲慘的結局並沒有削弱牠在貓史上的重要性。我稱牠為偉大的美國貓，但牠並不是讓我們為牠的勇敢而歡呼，或因牠的毅力而驚嘆的那種貓。雖然我們或許覺得牠戴眼鏡可愛，這並不是衡量偉大的標準。牠在我們之間的地位來自其他的因素，如果讀《布魯克林鷹報》（*Brooklyn Daily Eagle*）上傑瑞的訃文，就很清楚了。牠的屍體被人發現後，報紙用數個專欄刊登紀念特刊，證實了傑瑞的悲慘結局，同時也提供了牠一生的大事記。

這個報導包括許多名人的陳述，證明他們對牠的摯愛。報上說，就算布魯克林區政府的每一位政治人物、商人、法官和律師全都失去了大學同窗好友，也不會比聽到傑瑞去世的消息更教人悲傷。一位議員稱讚這隻貓的坦率舉止和

拳擊手般的個性，另一位則把傑瑞之於布魯克林比為鱈魚之於波士頓（如果有人看不懂這個比喻，那我告訴你這可是個很大的恭維）。人們提到牠的各種怪癖，其中最主要的自然是牠的眼鏡，以及牠坐在流浪漢中間，攤開在爪子上的是牠從沒讀過的報紙。附近鐵路公司的工人和牠很熟，火車經過時，他們會留意這隻視力不良四處閒逛的貓，就像人們照看一個步履蹣跚的叔叔，小心翼翼，以免傷害這人的自尊心。

由這份紀念特刊中浮現的不是貓的肖像，而是對個性的形容。這就是傑瑞在我們中間享有崇高地位的原因。對社會大眾來說，在牠之前的全都只是貓而已，但傑瑞是更了不起的事物：是一個超越貓的概念，一個布魯克林本身和當地的傳奇。貓咪時代的第一個名人產生了，此後還有許多其他的貓越過了那條界限，各位讀者當然知道現在有哪些貓已經名利雙收。

但傑瑞是開闢新天地的第一隻貓，永遠居於榮耀的地位。牠非常受歡迎，因此在牠的死訊正式公布後，全市都為之沸騰。牠失蹤已有一年，他們當然知道牠應該不在人世了，但是當牠的屍體被發現，這個結局得到最後證實之後，

這樣的貓當然值得頒發獎章！然而人們卻不願意給予非人類應得的榮譽。「算了吧，這不可能是牠，」懷疑者抱怨說，「一定是另一隻長得像牠的貓出現在他們家。」但是克萊門汀自己讓他們閉上了嘴，證據就在牠的爪子上。牠的爪子有特殊之處不可能會認錯，因為牠的一隻腳有七個腳趾。牠的腳趾顯露了真相：七個腳趾都在那裡，而且爪墊已經磨損到見骨了，毫無疑問完成這偉大旅程的，正是克萊門汀本尊。

繼頒發給克萊門汀第一枚獎牌之後，接下來十年又頒發了數十枚獎牌，隨後「鞋貓劍客」品牌被賣給一家大企業，這家公司沒看出頒獎給貓的智慧，因此這個計畫很遺憾地停止了。啊，但在那十年裡，民眾常常聽到英勇的而且總是教人感到溫暖的故事。偶爾也有一些幽默的故事，比如一個週日，康乃迪克州教堂在唱詩班合唱時，一隻躲在教堂裡的貓開始大聲嚎叫，教眾擔心魔鬼就在他們中間（我覺得這個獎牌賺得理所當然！）。總而言之，獎牌和隨之而來的宣傳進一步提高了我們的地位，讓大家知道我們有能力做出許多美好的事情。我指的不僅僅是為人類，也包括為其他物種提供幫助。

比如發生在路易斯安納州的這個故事。農園養的一隻老狗在一九五三年失明了，這時農園裡突然出現了化身為流浪貓的仁慈天使，人們稱這隻貓為小貓比利（Kitty Billy）。牠不知怎麼感覺到了狗的困境，於是在屋外等候。只要這隻盲狗出來，比利就陪牠一起走，充當牠的眼睛，幫助牠安全地行走，過馬路，確定牠找到回家的路。導盲貓！雙方的角色出乎意料地顛倒了。幾乎沒有人不受這樣的故事感動，它為比利贏得了當之無愧的獎牌。但我認為更了不起的是：在狗離世後，貓也離開了農園，再也沒有回來。比利為了照顧生病的動物，停止了自己的流浪，但牠並不指望人類給牠一個家，也不期待得到感謝。現在使命既已達成，牠就離開了農園和牠的獎牌，繼續自己貓生的旅程。

另一個教人鼓舞的故事來自密蘇里州的喬普林鎮（Joplin）。一九五二年，一隻貓收養了一窩小負鼠。這群負鼠寶寶才只有幾天大，保護動物協會的工作人員在發生車禍的母鼠育兒袋中發現了牠們。由於情況危急，五隻倖存的小負鼠被帶到當地一隻正在哺餵自己小貓的貓媽媽那裡，希望牠能照顧牠們。結果牠不但提供協助，餵養新生寶寶，

還收留了牠們，把牠們當作自己的孩子撫養。這隻綽號蘇媽媽（Mother Sue）的貓成了自然界和諧的象徵，同樣也成為鞋貓劍客獎章的得主。

有鑑於我們日益提升的公眾形象，我們最後得到美國最高級的地位也就不足為奇：躍上大銀幕成為明星。當然，好萊塢傳統上屬於狗的天下，而且很多選角導演都聲稱貓太我行我素因此無法訓練成為演員。但是一隻名叫胡椒（Pepper）的黑貓卻在一九一二年證明這種說法錯得離譜。牠出生於洛杉磯馬克・塞奈特片廠（Mack Sennett Studios）的攝影棚內，一天這隻小貓在木質地板條間向上鑽時，發現自己鑽進了拍攝現場。一名工作人員開玩笑說：「把燈光打在牠身上。」沒想到牠並沒有退縮，於是他們決定開拍。結果呢？他們發現胡椒是天生的明星，在鏡頭前興高采烈地嬉戲，就像它只是一扇映著明媚陽光的窗戶一樣。不到一年，牠就和熠熠巨星一起出現在銀幕上：包括查理・卓別林，「肥仔」阿巴克爾（Fatty Arbuckle，好萊塢早期喜劇演員）和基斯通警察（the Keystone Cops，默片短劇中的角色）。

儘管如此，人們依然懷疑。影壇大佬質疑，像胡椒這樣的貓少之又少。即便如此，他們也從未讓牠在一部完整的劇情片中擔任主角，還堅稱貓只適合當次要的角色。啊，我們再次遭到低估。好萊塢的貓只能提問：「在這個城裡要怎麼做才能有所突破？」然後自己回答這個問題，那就是要有才華。電影史上有一些最偉大的貓演員出現在一九五〇和六〇年代，最終證明那些權威人士看走眼了。而且牠們有真正的美國風格，沒有什麼名貴的血統。事實上，第一隻在劇情片挑大梁擔任主角的貓，也是迄今史上最多產的貓演員，是一隻橘色虎斑貓，是……在灌木叢底下發現的。

這隻兇猛的大雄貓是流浪貓，露宿在洛杉磯郊區謝爾曼奧克斯（Sherman Oaks）一個名叫艾格尼絲・穆瑞（Agnes Murray）的女人的院子裡。穆瑞太太不滿的是，牠沒有打算離開的跡象，而且她肯定沒料到牠註定成為貓界的馬龍・白蘭度。當時是一九五〇年，碰巧派拉蒙影業公司正在拍攝電影《捉貓笑史》（Rhubarb），故事講述在一支大聯盟棒球隊個性古怪的東家去世後，由一隻流浪貓繼承了球隊的離奇故事。然而片廠遇到了一個問題。他們找不到合適的貓來擔任主角！雖然培訓員

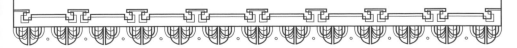

Presented to
BABA
Best Feline
A-cat-emy Award
2018

一直為他們安排漂亮可愛的貓，但是派拉蒙想要找一隻強悍的貓作主角，一隻粗獷的貓，擁有街頭生活帶來的智慧。情急之下，他們舉行試鏡誠徵電影主角：一隻凶狠的疤面貓。

穆瑞太太看著院子裡灌木叢下的橘色野獸。她認為牠一定符合要求，因此把牠塞進一個盒子裡（當然，這可不是容易的事），然後開車赴好萊塢。派拉蒙影業那幫人的反應如何？「那就是我們要的貓！」事實證明，橘仔（Orangey）——這是他們給牠取的名字，可以演戲，牠獲得了有史以來貓咪所獲得的最大的電影合約。此外，牠還會做許多其他的事情：身為徹頭徹尾的流浪貓，牠可以像任何人所見過的流浪貓那樣抓搔和撕咬，牠與其他演員和劇組人員的衝突更是傳奇。一九五二年，橘仔在《捉貓笑史》中的角色獲得帕特茲獎（PATSY Award），這個獎在當時相當於動物界的奧斯卡獎。從流浪貓到得獎明星？確實教人刮目相看，更何況牠是第一隻獲此殊榮的貓。

牠的事業生涯持續了十五年，

AWA
WINN

1951.
FRANCIS
(MULE)

1952
RHUBARB
(CAT)

出場次數之多就連牠的訓練師數到兩百左右就沒有再繼續數了。作為好萊塢的寵兒，牠拍的片子包括《虎膽妙算》（Mission Impossible）和《神仙家庭》（Bewitched）等電視影集，以及《安妮日記》（The Diary of Anne Frank）和《巨人村》（Village of the Giants）等諸多電影。但最教人難忘的一部？我猜你一定聽說過《第凡內早餐》（Breakfast at Tiffany's）？沒錯，就是牠！與奧黛麗‧赫本同臺演戲的那隻橘色虎斑貓，正是在謝爾曼奧克斯的灌木叢下發現的那隻粗野的大公貓。因為這個角色，橘仔首次獲得帕特茲獎的十年後，又成為唯一一隻二度獲獎的貓。相當驚人的成就，而且也是相當驚人的貓！一直到最後，牠還是對同臺明星又咬又抓，嘶嘶威脅影業公司的幹部，而且在牠逃跑躲藏之際，導致拍攝不得不暫停。換句話說……牠真是完美的好萊塢專業人士！

橘仔也為其他有才華的貓演員打開了大門，包括一隻名為仙羅（Cy A. Meese）的暹羅貓，牠在一九五九年與詹姆斯‧史都華（Jimmy Stewart）和金‧露華（Kim Novak）一起演出《奪情記》（Bell, Book and Candle），也為自己贏得了帕特茲獎。橘仔和仙羅倆在

一九六五年被一隻新的票房冠軍貓超越。在另一個經典的美國乞丐變王子故事中，一隻名叫辛（Syn）的黑棕色暹羅貓被卑鄙的主人交給了加州安大略市的動物收容所，因為他不想再養牠了。辛被丟進骯髒的籠子裡，受到囚禁的折磨，牠日益悲傷且營養不良，直到一位動物訓練師在這隻沒人要的貓身上發現了特別之處。只要待之以愛，辛就表現出自己的本性，牠是隻聰明的貓，很快就學會了幾個把戲。牠被送去參加迪士尼的試鏡，在《一貓二狗三分親》（The Incredible Journey）中扮演配角。牠給電影公司的高層留下了深刻的印象，他們隨即又請牠擔任貓電影史上最棒的角色：《精靈貓捉賊》（That Darn Cat!）中的主角！

這隻原本被丟在收容所的貓扮演密探，沒想到電影一上映就成了票房冠軍。這部片子確實有些競爭對手——當時碰巧有一部叫作《真善美》（The Sound of Music）的電影也上映，不過沒關係，觀眾想看的是貓。《精靈貓捉賊》繼續襲捲票房，帶來了超過兩千八百萬美元的收入，並在當年成為好萊塢票房第五名的影片。關於辛的才華，《紐約時報》評道：「克拉克‧蓋

博（Clark Gable）在事業生涯的巔峰，也從沒有演出比牠更討人喜歡的花花大少。」這當然是好評，而且在銀幕下，牠同樣大受歡迎，報上登的全都是牠和小明星合影的照片。哦，要是你感到好奇，會想知道拋棄辛的主人對他以前的貓一砲而紅成為明星有什麼想法嗎？哦，他……其實我不知道，因為大家懶得去問。那個脾氣暴躁的老頭就無聲無息地凋萎了，而辛則在好萊塢的明亮燈光下活蹦亂跳。

我一開始就說過，我們美國的貓十分特殊，這麼多出色貓咪的精采故事豈不就是見證？雖然我先前提到的那些貓都有重要的表現，提升我們在人們眼中的地位，但還沒有一隻能成為美國貓的

代表。在我看來，這個榮譽屬於一隻不起眼的洛杉磯校貓，名叫八號教室（Room 8）。我得坦白我也是一隻洛杉磯貓，所以可能會有人指責我偏心。我當然承認還有其他好貓也和學校、圖書館和學習場所有關係。幾乎每一州都可以說他們至少有一隻這樣的貓，而且有些搏得了不小的名聲！

比如一九八八年的嚴冬，一隻小貓被殘酷地遺棄在愛荷華州史賓塞市（Spencer）一家圖書館的還書箱裡，第二天人們發現牠嚴重凍傷。在牠遭狠心拋棄的那個苦寒的夜晚，誰會料到牠長大後會成為世上最著名的貓書迷？在工作人員的調養下，牠恢復健康，被取名為杜威·多讀書（Dewey Readmore Books），並擔任圖書館貓的職位，在接下來的十八年裡愉快地執勤。在這段期間，這隻橘色虎斑貓成了鎮上最有名的居民，牠死裡逃生的故事（和博學！）為牠贏得世界各地的朋友。

但即使在這些故事中，八號教室依舊十分特別。人們對牠早年的生活和出身一無所知，而且是牠找上了學校，而非反過來。一九五二年秋牠頭一次出現在洛杉磯回聲公園（Echo Park）附近的艾利西高地小學（Elysian Heights

Elementary）時，大約五、六歲。那是個晴朗的日子，學生在課間休息結束後回到教室，卻發現一隻流浪貓，一隻灰色的虎斑公貓溜進了教室，偷吃他們的午餐。這真是個尷尬的開始。如果我對美國貓的典型性格有什麼要特別強調的，那就是我們懂得生存之道——任何飢餓的浪浪都會做牠必須做的事，而無人看管的午餐無疑是該掠奪的對象。

這些學生的惱怒是可以理解的，並且公開譴責了闖入者。在這種情況下的標準程序是掉頭就跑，但是這隻灰色虎斑貓卻留在原地，並且忍受了他們的尖聲叫嚷。顛沛流離的街頭生活是偉大的老師，但這隻流浪貓在這些孩子的臉上看到牠還沒學到的一課。不，跟人類的緊張焦慮無關；相信我，流浪貓對這一切都很了解。扭曲的憤怒表情遮掩不住孩子們的內心：自然而純潔的情感。如今這隻貓比渴望三明治更渴望這一課，牠覺得自己非得堅持自己的立場。

牠明亮的大眼睛閃閃發光，就在牠抬頭盯著學生們的臉時，他們的憤怒就像突然湧現的波浪一樣消失了，取而代之的是最平靜的水域。孩子們用清澈的眼睛觀察，在他們面前，這隻灰色公貓狼狼的外表無法遮掩牠內心的純潔。他

們問老師能否讓牠留下來，她同意了，因為即使是她飽經世故的眼睛，也不能不看見如此明白的事實。當然，孩子們之間藏不住祕密，有間教室裡有隻貓的消息很快不脛而走。據說牠既聰明又可愛，還會跳到你的桌子上玩耍。其他班的同學都想來會會牠，因偷吃午餐而建立的情誼很快就傳遍了全校。

大家決定要為這位新朋友起個名字。既然牠第一次是在八號教室出現，這個名字似乎不錯。老師和學生最初的約定是貓可以「暫時」留下來，但後來發現學校和貓永遠不可能分割清楚，因此「暫時」最後變成了十六年，這也就是八號教室餘生的年限。在小學待了十六年？這隻貓實在是洛杉磯聯合學區史上最偉大的留級生，從來不努力升學，每年秋天都返校，重新開始同樣的課程。我不便隱瞞真相，不得不承認牠考試的成績很糟糕，家庭作業也從來不交。然而不知何故，沒有人介意這位學生的成績。

儘管學校收容了八號教室，但牠一開始就是流浪貓，終其一生都會保持獨立，從不希望在人類的家裡久住。你們人類經常對牠故事的這一方面感到困惑，彷彿作為貓的唯一願望應該是和你們同住，但八號教室在這點上十分固執。牠是和所有孩子建立一種整體的關係，如果沒有他們，牠也沒有多少要人陪伴的需求。放學後，牠可能會在學校附近的灌木叢中休憩，或到周圍的山坡，在只有我們貓知道的隱蔽角落、縫隙和陰涼處躲藏。等早上學校上課時，牠會再度回來。

在暑假學校關閉的時候呢？牠可能會四處漫遊，讓人們猜測這隻好奇的動物會不會再回來。啊，但是牠回來了，那十六年中的每一年！久而久之，牠的回歸成了當地的一種儀式，每當學年開始時，報社記者都會到場期待牠的出現，而八號教室也從沒有讓他們失望！因為牠必須回來：儘管牠獨立，牠知道自己的位置是在學校裡。牠已選擇和那裡的孩子們分享牠的生活，而他們建立的情誼已經成為牠性格的本質。

我要坦白地告訴各位，乍看之下，你不會覺得八號教室很帥，牠是隻亂糟糟的流浪貓。我這麼說或許聽起來很刺耳，但我沒有侮辱之意，因為我們不是依據你們的標準來判斷貓的美醜，孩子們也是一樣。在艾利西高地小學的學生眼中，八號教室確實是個漂亮的小伙子。他們將牠當成海報人物，牠的圖像

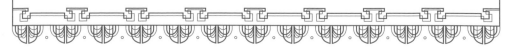

被印在圖書館的藏書票上，還畫在牆上作成大型壁畫。牠的爪印甚至被印在學校大門前的混凝土中，就像好萊塢的電影明星一樣。隨著八號教室的故事傳播開來，牠在洛杉磯之外也家喻戶曉，報章雜誌向全國民眾敘述了一隻貓和一所學校如何選擇了彼此。粉絲的信件如雪片飛來，每天多達上百封，學生勤奮地擔任貓咪祕書的角色，因為牠似乎對自己的信件完全無動於衷。

這些全都是通常為名人保留的特權，但實際上八號教室已達到了這樣的地位，即使在明星薈聚的洛杉磯也不遜色！當地報紙刊登牠一舉一動的訊息，還有一本關於牠的書出版，是由學校的校長和一位老師共同執筆的傳記。電視工作人員會定期到學校來，拿著攝影機跟隨牠在校園裡活動——還準備好麥克風，以備牠賞臉為坐在電視機前的觀眾喵個兩聲。甚至還有人以牠的名義成立了慈善基金會，為其他無家可歸的貓提供照顧。

在一顆純潔之心的指引下，八號教室打動了牠所遇到的那些人的生活，改變了牠周遭的世界，並透

過永遠無從預測的機制，從午餐小偷變成社區的靈魂。然而即使對好貓來說，時間也同樣無情，那些歲月再怎麼美妙，也無法推遲最後的鐘聲。它在一九六八年響起，八號教室以高齡去世，可能是二十一或二十二歲，牠從沒有透露過年輕時的祕密，因此沒人能確定牠究竟是哪個歲數。十六年來頭一次課程將會在沒有貓的情況下展開。你可以想像這個情況嗎？

全校當然悲痛欲絕，但在八號教室離世後，牠的故事變得更加不同凡響。雖然學生已看不見牠的身影，但關於牠的記憶不會湮滅。學生們首先推出一期他們自己編的小報紙，全部的篇幅都獻給這位長久以來的朋友。牠的肖像很快就被掛在八號教室門外，同時規定它應該永遠光榮地懸掛在那裡，紀念牠教給學生的那堂關於愛和友情的課。

在學校周圍的人行道上還有更大規模的致敬行動！校方澆灌了新的混凝土，讓學生可以為文紀念牠。寫給牠的情書被蝕刻在人們腳下的人行道上，直到今天人們走過時還看得到。有些是孩子們之作，質樸純真。一個男生寫道：「我們想念你，八號教室，哦，我們好想念你。」而一個女生則在附近加上：

「牠走進了我們的教室，坐在我的桌子上。我愛牠。」其他的文字則頗具詩意，再往前有則這樣的句子：「牠們說八號教室有九條命，你千萬別相信。在快樂孩子的心中，這隻貓會永遠活下去！」成年人也積極參與，另外也引用了報社記者的文章，這些文章在牠十六年的奉獻中，形成了一條蜿蜒的路徑。雖然文章太多了，不勝枚舉，但我要提出最後一個，因為我認為它以最單純的方式囊括了我們朋友的建樹：「牠留下了牠的愛，我們何其幸運。」

大家也決定八號教室該有個長眠的家。這當然有違牠的本性，因為牠是以流浪貓的身分來到這裡，並且一輩子都珍惜自己的獨立性。不過我認為牠不會介意在這個情況下破例。但提供一個完全屬於牠自己的安息之地，對一間小學而言將是價格高昂的任務；他們恐怕沒有多餘的資金來打造貓的墳墓！於是大家舉辦募款活動，希望能在洛杉磯寵物紀念公園為八號教室提供一塊墓地和墓碑。先前已有許多人發表了紀念牠的文字，大家會不會慷慨解囊紀念牠？

他們怎麼不會！籌得的資金遠遠超出了需要，因此八號教室得到了整個墓園最大的墓碑。各位可要知道舉世最知

名的一些動物就埋在附近,還有好萊塢所有的傳奇人物都將他們的寵物放在這個聖地:范倫鐵諾(Valentino)的狗,亨佛萊‧鮑嘉(Humphrey Bogart)、洛琳‧白考兒(Lauren Bacall),或是一九四〇、五〇年代的喜劇搭檔阿伯特和科斯特洛(Abbott and Costello)所養的動物。以及西部片鼎盛時期的名駒。還有其他許多動物,都是富翁名流的心肝寶貝。然而凌駕這一切之上的,卻是

一座紀念流浪貓的紀念碑。人們將八號教室記在心上了。

直到今天人們仍然忘不了牠。人們對牠最高的敬意是:八號教室的墓在墓園裡依舊人氣最旺。我們先前談到有許多豐功偉業的貓,有的演了電影,有的獲得了獎牌,還有更多的貓旅行了數千英里。八號教室從來沒有這些成就——儘管如此,人們仍然來憑弔牠,甚至在半個世紀之後依舊如此。許多人現在都

到了退休年齡，他們前來獻花或祈禱，或只是單純地向很久以前觸動他們心靈的貓問好。這隻流浪貓只向人間求過一件事：作朋友的機會。得到了這個機會之後，牠不再要求，也不再接受更多其他的東西。

我說八號教室是美國貓的表率，牠確實提供了我們同類中最完美的肖像。想想牠的故事：牠並非嬌生慣養的純種貓，而是從流浪開始，在城市街頭惡劣的環境中學習。生活的重擊從來不曾讓牠步履蹣跚，就像建立了美利堅貓國的名貓一般，牠也在人類社會中贏得了自己的位置。牠就像貓應有的那般獨立，但同時又對牠所選擇的人類敞開心懷。雖然在一開始這似乎微不足道，但最後這個單純的禮物豐富了無數人的人生，因而人們永遠不會遺忘牠。

啊，容我狂妄地說吧，這就是貓的魔力。古人看出了這一點，為了向我們致敬而建造了寺廟，將我們提升到神的地位，我希望我們一起走過的這段旅程能幫助你們重新看到這一點。唉，人類往往會把事情做得太過頭，所以在我們道別之前，我要告訴你們一個最後的祕密：我們從來不需要寺廟或神或其他譁眾取寵的事物！自古至今，我們所想要的，不過是幾下輕柔的愛撫，一些親切的言語，以及一點晚餐，比人類想的要簡單得多。

說到這裡，我想我說話的時間太久了。「芭芭，你不會是現在要離開我們了吧？」啊，朋友，我們一起走了很長的路，但天下沒有不散的筵席，我不能再拖延了。使命在召喚我，因為有窗戶需要我坐在裡面，有樹要爬，有老鼠要捉（是的，即使過了這麼多世紀，牠們還是永遠追不完！）。因此，請原諒我先行告辭，但謝謝你陪伴我這麼久。我希望在我們的故事裡，你找到了你要的東西；我甚至希望你有更多的收穫。

不要為我們的分別而煩惱，因為故事不會結束。在外面這遼闊世界的某處，仍有歷史有待創造，與其聽別人講述故事，現在輪到你和陪伴你的貓咪來創造它。畢竟我一開始就說過，歷史從來不是誰能獨自創造的，無論你們現在踏上了哪一段旅程，我都祝福你們倆一切順利。我自己、賽門、特雷姆、黑傑克、八號教室，和其他所有的貓——是的，甚至還包括菲力斯——祝你們一路順風！

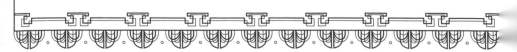

到十九世紀末，美國已接納了我們。在波士頓動物救援聯盟（Animal Rescue league of Boston）所轄墓園的這座墓碑向一隻貓致謝。這隻貓撫慰了一名寡婦，她的丈夫是陸軍上尉，一八九九年因爆炸而死亡。

DEWEY

1898 — 1910.

"HE WAS ONLY A CAT"
BUT HE WAS HUMAN
ENOUGH TO BE A GREAT
COMFORT IN HOURS OF
LONELINESS AND PAIN.

Travels 4 Months, N. Y. to Denver

Cat Finds Family By 1600-Mi. Hike

Meet Clementine Jones, traveler. She didn't actually carry the suitcase on her 1600-mile trek to Denver from Dunkirk, N. Y.
—Rocky Mountain News Photo by Dick Davis

By ROBERT L. PERKIN
Rocky Mountain News Writer

Clementine Jones was home again yesterday, wiser and a bit wilder after seeing 1600 miles of America on a four-month solo trip.

Clementine is a big black cat. She was, and is again, the pet of Mr. and Mrs. Robert Lundmark, 1416 Navajo st.

They left Clementine in Dunkirk, N. Y., a year and a half ago when they moved to Denver, Mrs. Lundmark said. Four months ago, Clementine disappeared from the Dunkirk home of a sister-in-law.

Thursday night, the Lundmarks heard a meowing on their doorstep in the Lincoln Park Homes. Mr. Lundmark went to the door.

IT WAS CLEMENTINE, jet black except for the two distinctive white spots on her tummy, meowing to be taken in.

The Lundmarks will guess with anybody on how Clementine got from Dunkirk to Denver and what animal radar guided her padding steps over the 1600 miles between the two cities.

"We were just thunderstruck," Mrs. Lundmark said. "We just couldn't believe it.

"Then I talked with a couple of cat experts, and they told me there have been other cases where a cat followed a family a long way across the country."

Mrs. Lundmark insisted there is no possibility of mistaken identity. She said Clementine's unique white belly markings distinguish her from all other cats, and the wanderer now has settled down completely on Navajo st., obviously satisfied her long quest is over.

"SHE LOOKED pretty rough when we opened the door for her Thursday night," Mrs. Lundmark said, "and she's still awfully wild and jumpy.

"But we've brushed her up, and she's had all the milk and fish she could eat, so she doesn't seem much worse for wear. She slept almost all the time for the first three or four days, but her pads don't seem to show much damage."

Clementine abandoned three kittens about four months old when she took off from Dunkirk last May, Mrs. Lundmark said.

"My sister-in-law wrote that Clementine had disappeared," she said, "and we thought, of course, that we would never see her again. So I had written to have Bob's sister save us one of the kittens."

The Lundmarks moved to Denver from Dunkirk following his graduation from college. Mr. Lundmark is employed here as a salesman for Montgomery Ward & Co.

CAT CAME BACK 337 MILES.

Mountains and Deserts Traversed by "Tom" of Salt Lake.

Special to The New York Times.

SALT LAKE, April 10.—Traveling a distance of 337 miles, climbing mountains, and crossing stretches of the desert, a cat came back. This feline adventurer is red and is known by the name of Tom. He belonged to John M. West of Salt Lake.

Three weeks ago Tom stole a flounder. West put him into a bag and concealed him under a seat in a day coach on the San Pedro, Los Angeles and Salt Lake Railroad. The cat was discovered and turned loose at Caliente, Nevada. To-day, weak and emaciated, he appeared at the West house and begged for food. He got it.

Denver Cat's Lengthy Walk Earns Award

Clementine Jones, a Denver cat, Thursday owned the Puss'n Boots bronze medal in recognition of her four-month, 1,600-mile trek last summer from Dunkirk, N. Y., to Denver.

Clementine's owners, Mr. and Mrs. Robert Lundmark of 232 Iola street, Aurora, said they still receive letters from cynics who doubt the cat really walked 1,600 miles to join the Lundmark family.

But Mrs. Lundmark said there is no doubt of the cat's identity.

"Jonesy here has seven toes on one paw and a burnt place on her shoulder," she said.

The Puss'n Boots bronze medal, highest award in catdom, is bestowed upon worthy felines by the Coast Fishing company.

貓並不懶惰的證據：這些剪報都是關於湯姆的故事，牠在一九〇四年四月朝鹽湖城進發的經歷經各大媒體報導，甚至東達《紐約時報》。此外還有《洛磯山新聞》（*Rocky Mountain News*），報導了克萊門汀·瓊斯一九五〇年九月的精采旅程。

CAT PATROL IN THE CAPITOL KEEPS IT FREE OF ALL MICE

IN the Capitol at Washington there are two cats that are as important as any of the employes in keeping governmental machinery running. They are named Mary and Dirty.

All who remember their "Alice in Wonderland" will recall the conversation between Alice and the mouse, the latter exclaiming: "As if I would talk on such a subject! Our family always hated cats: nasty, low, vulgar things! Don't let me hear the name again."

And, judging from the absence of mice in precincts patrolled by Mary and Dirty, mice and rats in the Capitol feel exactly the same way.

Many can remember when there was no Mary; then from somewhere she appeared and established headquarters in the basement office of David Lynn, the building's superin-

tending architect. Mary is not pretty to look at, nor very careful about her personal appearance. She often appears in a soiled coat of white, relieved by dark, brindly splotches. But it is on mousing that Mary stakes her reputation, and it is asserted that her record in that is unequaled in the Capitol field.

Mary starts her day about 4 P. M. by strolling forth from the basement room where she sleeps; from then on until 5 A. M. her movements

At 5 A. M. she returns to her ——— ing quarters to partake of a br— fast of liver offered to her by ——— Ida Hughes, forewoman of the C——— char force.

Dirty is unlike Mary in that ——— proudly displays her spoils, la———

them in propitiation at the feet of G. R. King, assistant manager of the Senate restaurant. It was only a short time ago that Dirty was found, a waif, loitering around the subway leading to the Senate office building. She was taken on temporarily, her special assignment being to guard the potato bins in the larder, where she is locked up each night.

Not long ago an adventurous cat, following a fleeing rat, got jammed in the main ventilator shaft of the Supreme Court room. Much discomfort to the Justices resulted and they went on record then as being opposed to cats. But presently a family of rats took possession of some valuable rec——— sort.

WHERE CATS ARE IN DEMAND.

DUBUQUE, Iowa, April 19.—A new and decidedly novel industry has sprung up in this city. A man is here buying cats, for which he pays from 50 cents to $1 each, according to age and size. He ships them to Dakota, where he sells them for $3 each. They are in great demand there, where they are wanted to destroy the mice which swarm by thousands around the corn and wheat bins, doing great damage. Cats are very scarce in Dakota. Thus far two carloads of cats have been shipped from this city and another load is being secured.

CAT AS AN AID TO WRITERS

Eleanor B. Simmons Finds it Helps to Have One Around.

Cats and successful authorship apparently have nothing to do with each other, but that is just where would-be writers make a big mistake, according to Eleanor Booth Simmons, journalist and author, who spoke yesterday at the hobby luncheon given by the Book-Sharing Week Committee at the Hotel Biltmore.

Undesirable as cats might be to some people, owning one of the quiet and philosophical animals is the first requisite toward turning out a good book, Miss Simmons declared.

Mrs. Sherman Post Haight, who presided, and Warden Lewis E. Lawes are co-chairmen of the committee's campaign to obtain 1,000,000 books for distribution to hospitals, prisons and charitable institutions. Central headquarters of Book-Sharing Week, which runs from April 16 to 23, are in the Hotel Biltmore.

急徵！從邊疆到首都，再到文人沙龍。到二十世紀初，每個人都希望有我們在身邊，而且不僅僅是捕鼠者的傳統角色：美國作家就像他們歐洲的同行一樣，將我們當作他們的繆斯女神。

A FAMOUS UNITED STATES ARMY CAT

THE COLONEL.

Cat Veteran of War Has 15th Birthday

A World War II veteran cat today celebrates her 15th birthday.

And she can still get into her old uniform with its three service ribbons and four battle stars.

The cat, Pooli, short for Princess Papule, was born July 4, 1944, in the Navy yard at Pearl Harbor, her present owner, Benjamin H. Kirk, of 757 W 106th St., said.

'Taken Aboard Ship'

Kirk explained that Pooli was taken aboard the attack transport USS Fremont that day by his nephew, James L. Lynch, of 2725 Wynwood Lane, now a specialist in administrative services for the Board of Education.

Pooli saw action at the Marianas, the Palau group, the Philippines and Iwo Jima. And she became a shellback when the ship crossed the equator.

Kirk revealed that when battle stations rang Pooli would head for the mail room and curl up in a mail sack.

Almost a Casualty

But she nearly became a wartime casualty when some sailors aboard the home-bound ship thought of throwing her overboard after fearing quarantine in San Francisco because of her. A 'round-the-clock guard was given Pooli for three days and she docked with the ship and without incident, Kirk said.

Now, Pooli is deaf. She has only her front teeth, and she sleeps most of the day.

"But when she was younger she never lost a battle to any dog or cat in the neighborhood," Kirk said.

UNCLE SAM'S CATS

everal of the watchdogs of the treas-
who are anxious to cut down gov-
ment expenses so that the government
have more money to spend have
Ter round and found that there is quite
arge item included in the annual ap-
pration bills for cats. The item is not
big as that for pensions or warships
seeds, but it is a muckrakable prop-
ion.

he army allows $18.25 a year each for
cats. These cats are provided for
commissary storehouses, etc., and they
e the government much more than
y cost. They catch lots of mice, but
cle Sam has found that no cat will
her best on mice alone; she must
e a little butcher's meat and milk now
then to vary her diet.

ids for cats' meat for the government
s are regularly let each year, but the
it is five cents a pound; porterhouse
ak is never supplied to the official
s. The postoffice department spends
te a sum each year, all told, to pro-
e for the cats in the big postoffices
r the country, but it is money wisely
nt.

ARMY CATS BETTER OBEY ORDERS

NEW YORK, Dec. 20.—Army
cats had better start obeying
the regulations or they'll be
sorry. Cats not in quarters be-
tween 7:30 p. m. and 6:30 a. m.
at Fort Jay, Governor's Island,
will be kicked right out of the
army into the S. P. C. A. pound,
the commanding officer ordered.

Bomber to Tote Black Cat Across the Path of Hitler

Special to THE NEW YORK TIMES.
WILKES-BARRE, Pa., Aug. 1
—A black cat which R. A. F.
fliers will carry in a bomber
over Germany until it has crossed
the path of Adolf Hitler, was put
on a plane here this afternoon,
bound for Britain by the way of
New York and Canada.

The cat, named Captain Mid-
night, is owned by a Dallas fam-
ily which preferred to remain
anonymous.

The arrangements for the trip
were made through the local
Chamber of Commerce and the
family is paying transportation
costs.

A red, white and blue label
on a crate described Captain
Midnight as "a special envoy."

WAR VETERAN—Pooli, who rates three service ribbons and four battle stars, shows she can still get into her old uniform as she prepares to celebrate her 15th birthday. The cat served aboard an attack transport during World War II.
Times photo.

我們在軍事生活中的重要作用如今已被遺忘，但有些貓卻名聲遠播。其中包括一八九〇年代駐紮在舊金山普雷西迪奧（Presidio）的公貓上校（The Colonel），人們公認牠是軍隊中最好的捕鼠英雄；還有普莉，在海軍獲得最多勳章的貓。

忙裡偷閒：軍人的生活很艱苦，但從軍打仗的貓也有一些溫馨的友情時刻。這隻小貓是一戰期間在法國第三一六憲兵B連的成員，幫助維護和平。

放輕鬆點，士官。你能怪這個教育班長被抱在手裡的新兵馴服了嗎？毫無疑問，他知道軍隊虧欠我們——在現代滅鼠藥發明之前，我們為了與齧齒動物的戰爭而赴前線。

一對真正的先驅：在這張約一九一〇年的照片中，飛行員約翰‧莫桑和他大無畏的飛行同伴菲菲小姐合影。據說菲菲至少飛行了十四次，乘客座椅下方安裝了一個貓沙盆。莫桑的暱稱是貓咪機長，應該不為過吧？

And Now Comes "Pepper," a New Photoplay Star

His Salary Is Not Enormous, But He Is Worth It

THE most valuable cat in the world is "Pepper," a half-grown Maltese, who has won name and fame acting in Mack Sennett comedies.

"Pepper" has been insured for five thousand dollars, and is worth a great deal more than that sum. "Pepper's" unique value lies in the fact that there will never be another cat like her. She has the fighting heart of a bull-dog. Like Gunga Din, she "doesn't seem to have no use for fear."

You can discharge a .45 Colt close enough to singe "Pepper's" hair, and all she does is to look around with mild surprise. All dogs she regards with contemptuous indifference.

One day they put fly-paper on "Pepper's" feet. An ordinary cat would have proceeded to go insane. "Pepper" tried several experiments. She tried to bite the fly-paper off. When she found the biting wasn't good, she tried to scratch the paper off with the other leg. Finding there was no merit in that method, she tried to take the fly-paper by surprise. After playing 'possum for a minute, she made a sudden wild leap. But, to her disgust, the vigilant fly-paper leaped right along with her. With that "Pepper" philosophically abandoned the struggle.

"Oh, well," "Pepper" seemed to say, "one fly-paper doesn't make a summer."

The most severe trial that afflicts "Pepper's" young life is a white rat which lives at the studio and which also acts in Mack Sennett comedies. "Pepper" considers the rat altogether too familiar. When they act together in comedies, the rat insists upon sticking his pink, quivering nose up to smell around "Pepper's" face. As no well-bred actress cat would consent to kiss a rat, even in the interests of Art, "Pepper" always moves away with a baleful look and a most indignant meouw.

The only actor on the lot with whom "Pepper" is not on terms is the little black bear. "Pepper" always gives the bear a most respectful and a very wide berth. Bears are uncertain critters, and no one knows it better than "Pepper." Instinct has informed her that the bear is likely to be taken at any minute with a burning curiosity to know how his big, gleaming teeth would feel sliding around thru a piece of cat. Consequently, when the bear is acting, "Pepper" finds it appropriate to have an engagement with herself up on the roof of the "light" studio.

A ball of yarn conceals almost uncanny delights for "Pepper." She will start to unwind it and roll over and over in the yarn until finally she is all wound up in it—a cocoon with a kitten inside. "Pepper" is a marvelously skillful Nimrod, and she does her fishing by using her tail for a fishing-rod. There is a tank of fish in the studio that will bite on anything, and when "Pepper" discovered their voracity, she took a huge delight in sticking her tail in the tank and at the first nibble making a quick leap with Mr. Fish clinging to her handy fishing-rod.

Alas! that it must be related, the breath of scandal has involved "Pepper." The whole studio has been shocked by the discovery that "Pepper," altho she has no wedding-ring, has prospects.

NO LETTERS IN "PEPPER'S" MAIL-BOX
(MACK SENNETT COMEDIES)

《影迷》（*Photoplay*）的這篇特寫，以及在《影展》（*Picture Show*）、《影片》（*Pictures*）和《觀影人》（*Picturegoer*）中的類似文章，讓胡椒一砲而紅。對任何地方的貓，這都是象徵性的一步，也是我們重獲尊重的標誌。且慢，文中把胡椒寫成男生……但牠是女生。唉。

HOLLYWOOD'S
KING RHUBARB

Here's the success story of an alley cat. But it was a tough fight — for humans

THERE was no love lost between "Orangey," a 14-pound alley cat who became a movie star overnight, and Frank Inn, the equally burly trainer who put him through his paces before the cameras.

"Orangey" is the star — stealing the billing from such accomplished humans as Ray Milland and Jan Sterling — of a picture called "Rhubarb," based on the H. Allen Smith novel of the cat who became the owner of the Brooklyn Dodgers.

Mr. Inn is a well-known animal trainer in Hollywood, once helped train Lassie, and in his day has played dramatic coach to every conceivable type of animal actor — running the gamut, you might say, from aardvark to zebra.

Hard To Handle

HE HAS kind words for most of these beasts. But he and Orangey simply did not hit it off. They hardly tried to conceal their mutual dislike, in fact. Inn's hands and forearms were mottled with the marks of Orangey's claws and disapproval.

The Humane Association was there to see that Mr. Inn confined his feelings to words. The organization watches pretty closely when Hollywood makes a picture with animals — lest the equine, canine or feline actors get the same kind of treatment accorded some of the humans.

In the feud between Orangey and his trainer, the fault was not altogether Mr. Inn's. In its search for "Rhubarb," Paramount advertised for a "foul-tempered, scar-faced sourpuss" of a cat. Orangey, everybody seemed to agree, filled the bill.

My own impression of Orangey was not favorable. He spat at me without provocation.

So temperamental was this particular tabby that 22 similarly marked and dispositioned alley cats had to be hired to serve as stand-ins and doubles. Cats in general get bored quickly. A fresh cat had to be substituted at every turn to keep the cameras rolling and the human actors occupied.

Orangey, the best as well as the worst actor of the lot, got the star billing, star's dressing room, signed contract and extra saucer of cream.

Extra Inducements

EVEN these forms of persuasion were not sufficient to keep him in line. Police dogs were stationed at key spots to block off the unscheduled entrances and exits that Orangey insisted on making. Liver paste was smeared on Milland's fingers to insure a show of affection, or at any rate tolerance. Catnip was resorted to when Orangey seemed bored.

Apparently it worked. The picture was finished. But it will be a long time before Orangey is signed up for another film.

Hollywood does not like its stars to be independent. — LOUIS BERG

CONTRACT makes him world[...]

STAR'S ENTRANCE. Even in his alley days, "Orangey" never had it so good

JOSEPH HEPPNER

左圖‧好萊塢的新霸主。這篇文章，登在一九五一年九月二十三日多家報紙的週日版。《捉貓笑史》的票房並不突出，但並不是橘仔的錯，劇本不佳讓牠難以發揮。權威人士對牠的演出好評如潮，讓牠初嘗成名滋味。

上圖‧在《捉貓笑史》劇場版的這張大廳海報中，可以看到橘仔一流的演技。同臺明星雷‧米倫（Ray Milland）在一九四五年獲得奧斯卡獎，而簡‧史特林（Jan Sterling）則在一九五四年摘下金球獎。橘仔是否因此覺得自己演技不如人？不見得，因為牠拿下兩個帕特茲獎，比他們還多一個！

THE
PUSS'N BOO
BRONZE
AWARD
HONOR-MERIT

Hoping to "a-mews" you—
Rhubarb

(HIS PAW-TOGRAPH)

左圖。原版鞋貓劍客獎章。這個至高無上的獎是貓界的諾貝爾獎！這枚獎章在此獎停頒之後一直沒有頒發。為此，我責怪人類的怠惰，因為我敢確定他們一定可以在地大物博的美國找到另一隻值得獲獎的貓。

上圖。橘仔一砲而紅後，成為熱門的產品代言貓。牠的第一個客戶是誰？正是「鞋貓劍客」貓食。至於圖上的爪印，抱歉，那是印上去的。你不會真以為我們貓想讓爪子沾上墨水吧？

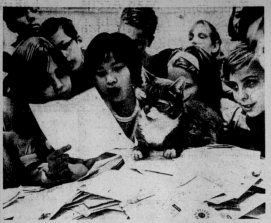

MAIL CALL—Sixth-grader Laurie Wong reads one of many fan letters to kitty.
Times photo by John Malmin

HE'S STILL COOL CAT

School Paper Sparks Fan Mail for Room 8

Not every oldster has a flock of secretaries answering more than 100 fan letters a day, but there is a cool old cat out Elysian Park way doing just that.

Long famed locally as The Cat Who Came to Dinner—or rather, lunch —his name is Room 8, official mascot of Elysian Heights Elementary School. Fourteen years ago he strolled in, raided the lunchbags, and never went home.

Now, in his sunset years, national fame has come his way because The Weekly Reader, a newspaper circulated to grammar school pupils across the nation, printed a few paragraphs about him last January.

Since then, mail has poured in from the youngsters. Each has received a reply from one of Room 8's school chums.

A giggle arose as Laurie Wong, 11, read a note from Alabama that was written in big, block letters.

"Are you a boy or a girl?" it asked.

Room 8 yawned and settled down for a catnap, as if to say that such things don't matter much any more.

Herald-Examiner Photos
OLD SCHOOL MASCOT, ROOM 8, AND FRIENDS
Death has claimed Elysian Heights tomcat

FINAL BELL TOLLS FOR FAMED TOMCAT

八號教室是《洛杉磯時報》（*Los Angeles Times*）、《洛杉磯觀察先驅報》（*Herald Examiner*）和《山谷時代》（*Valley Times*）的熱門題材。但牠的吸引力不限地域！由於牠登上全美各雜誌，因此收到上萬封粉絲來信——但卻從沒有親自回覆任何一封。哪隻貓會理會這種小事？

《洛杉磯觀察先驅報》上刊登八號教室和一群艾利西高地小學學生的照片。牠一向都是人們注意的焦點，雖然我們不得不承認，牠似乎對當天的功課感到厭煩。

貓奴後記

貓奴後記

　　哈囉。說故事的貓告辭了，留下我——牠的人類同伴，來作結語。這是意料中事，我早就習慣幫牠收拾善後。

　　芭芭是我從洛杉磯萊西街（Lacy Street）的北中央動物收容所收養的。這是幾年前的事了，然而我發現牠的那一刻，在我的腦海中留下不可磨滅的深刻印象，因此當時的記憶一點也沒有消褪。我不得不相當尷尬地承認，在那旋乾轉坤的一天，牠**並不是**我原本想要領養的貓。其實我本來看上的是另一隻貓，一隻風度翩翩的紳士，是隻長毛的銀色虎斑貓，深得我心——至少我原本是這麼以為的。

　　我一直在數日子，等待牠開放收養的那一天。日子一到，我一早就在收容所門外恭候開門。然而當我大步向前，準備領取這個心肝寶貝時，教人心碎的事發生了。儘管在那隻銀色虎斑貓被監禁的那一週，我天天都去看牠，但工作人員卻出了差錯，突然將牠交給另一個人收養。我大失所望，悶悶不樂地走向出口，經過一排籠子，關在裡面的是最近才剛被送來的貓。

　　一隻爪子伸出來要我止步。爪子的主人是一隻棕色虎斑貓，大約六個月大，玉爪抓住我的襯衫，把我拉近。哦，你這個大膽的小傢伙，我頭一次注視著芭芭的眼睛，一邊想道。牠雖然一個字也沒說，就揭示了牠們貓是怎麼計畫好一切的。指定要跟我回家的是牠，而不是那隻銀色的虎斑貓。

　　一如往常，貓什麼都最懂，因為要是我自己來挑，永遠都找不到這樣合適的伴侶。芭芭是早熟的學習者，牠對歷史充滿興趣，與我的興趣不謀而合。在我花費許多時間收集寫作資料，翻閱破舊的手稿時，這隻滿懷好奇的貓總會趴在我身邊或我的膝上，無比專心地盯著書頁。牠對我們面前的文字究竟理解多少，我永遠無法確定，但有一天我出於好奇把正在閱讀的文件上下顛倒，這時一隻爪子迅速伸出來輕推我的手，要我把頁面翻正——牠對書寫文字抱著高度的敬意，因此絕不容許這種愚行。

最後我們決定，不能再讓我個人獨享所有的榮耀，因為在牠看來這是我們的合作成果。現在該輪到牠來當作者了，為人類讀者撰寫眼前這部貓史巨著的重任擔綱。我發誓盡我所能提供幫助，因為大部分圖書館和研究機構都不允許貓進入。（我相信芭芭會指出，這是牠必須寫這本書的原因：難道這些機構從沒聽說過八號教室、杜威，或黑傑克嗎？）

收集牠可能需要的原始資料成了我的責任，因此我可以對本書的研究作個說明。這些資料不僅包括關於貓歷史和神話的現代書籍（牠都讀過），還有各種特別收藏中的重要史料，例如蒙克里夫的《貓史》，以及，是的，甚至也包括教人憎厭的布豐伯爵的齷齪文字。舊報紙尤其是不可或缺的資源，正是靠著這些破舊的頁面，我們從歷史的垃圾箱中翻出了十九和二十世紀一些奇妙的貓咪成功故事，每一次也要花上許多天，在圖書館儲藏室成堆的期刊中搜尋。我特別要感謝加州聖馬利諾（San Marino）的杭廷頓圖書館（Hunting Library），加州大學洛杉磯分校圖書館暨特別館藏，洛杉磯公共圖書館和倫敦的PDSA寵物醫院提供紫水晶號船貓賽門的原始照片和資料。我們也全心感謝八號教室所在的艾利西高地小學。

很多人一定對書中芭芭的照片滿懷好奇。就像所有的貓奴一樣，我一直很樂於捕捉牠的影像，但我們最後的成果遠遠超越一般的動物攝影，因為我們用了服裝、假髮和道具。原來我們的興趣在這裡再度不謀而合。如你所發現的，不論在人類還是貓還是任何其他物種，芭芭都是才華洋溢的模特兒，能夠掌握包羅萬象的表情和扮演無數類型的角色。

這些照片對我們來說不僅僅是肖像，而且是物種之間的交流，使我們的關係更加鞏固，因為是我為牠設計了角色扮演，又用我有限的人類手段想方設法給牠解釋所需的姿勢和表情。令人驚訝的是，牠總是完全正確地掌握到它，而且——同樣教人驚訝的是，即使牠未能掌握，結果也往往是牠對角色的看法明顯比我高明。

現在牠的衣櫃比我自己的還要大很多，我這麼說絕無輕視自己之意，因為除了最忠實的高級時裝愛好者外，事實上牠的衣櫃很可能比任何人的都大。然而就像真正的上流仕女，牠從來都不穿成衣。雖然牠樂於做模特兒，但卻對寵物店或網購的服裝不屑一顧。而對於讓貓同伴穿著那種服裝又想要拍出好照片的人，我一向都感到憐憫。貓界有個普遍的真理，不論是倍受嬌寵身價最高的貓，到最卑微的流浪貓，對自己的外表都非常自豪。我可以向你保證，牠們之中沒有一個能穿那種服裝而擺出好看的姿勢。你可以這麼想：如果你跟一般貓一樣花了好多時間來梳洗打扮，你會不情願地穿上看起來土氣粗俗的十美元小丑服嗎？

當然不會。我很快就吸取了這個教訓，讓芭芭改穿訂製服飾，依牠要扮演的角色精心剪裁，牠果然表現驚人。牠的許多服裝都是修改過的復古洋娃娃服裝，或者用泰迪熊的服裝重新剪裁而成。但也有許多服飾是完全從頭開始設計。而且等到我貧瘠的設計才華到達不了牠的服飾要求時，牠也在好萊塢設計師中找到了盟友，他們願意把眼光聚焦在貓的規模（牠和我永遠感激德西蕾・海普〔Desirae Hepp〕這位貓時裝界的亞歷山大・麥昆〔Alexander McQueen〕）。

這幾年來，我們也學會了幾個技巧。頭圍約十四英寸的洋娃娃假髮很適合貓用；衣服的領口應該開得更高，好配合貓肩膀的位置；還有你知道可以用一小段假髮膠帶把八字鬍或鬍鬚黏在毛皮上，而不會讓貓覺得累贅或惱人？這些都是針對穿著考究的時尚達貓的重要訣竅。哦──還有，絕對不要在有活老鼠的房間裡給穿著維多利亞時代長裙的貓拍照（說來話長，我就留給你們發揮想像力吧）。

我想要說，芭芭和我已經各盡所能了，人們也很快就指出牠和我配合得多麼天衣無縫。的確，我永遠不會否認這點。我們的興趣和性格尤其合得來──我並不覺得驚訝，因為貓有智慧，而且正如我所說的，是牠選擇了我，憑牠自己認定我是牠的理想同伴。我只要聰明到同意帶牠走就好了。

不過也有人驚嘆怎麼沒有其他貓會做芭芭所做的事，穿這樣的服裝拍這樣的照片，我只能大笑。他們怎麼知道沒有？他們有沒有問過自己的貓同伴呢？在北中央動物收容所那個決定性的一天，我根本想不到會有這樣的結果。與貓一起生活是個學習的過程，牠教了我很多我永遠想像不到的事。

最後我們來到了我們倆都希望你們能在本書中學到的一課。那就是貓可以做很多人類永遠預料不到的事；只需要給牠們機會。

參考書目

提供進一步閱讀

最後，芭芭希望呈現這份建議閱讀清單。研究貓族是一項艱苦的工作，特別是對於人類來說。但如果你想要了解更多牠們的歷史，以下（原文）書目會是不錯的起點。

名貓傳記

Alexander, Caroline. *Mrs. Chippy's Last Expedition: The Remarkable Journal of Shackleton's Polar Bound Cat*. New York: HarperPerennial, 1999.

Berman, Lucy. *Famous and Fabulous Cats*. London: Peter Lowe/Eurobook, 1973.

Brown, Philip. *Uncle Whiskers*. London: André Deutsch Limited, 1975.

Cooper, Vera. *Simon the Cat (HMS Amethyst)*. London: Hutchison, 1950.

Finley, Virginia and Beverly Mason. *A Cat Called Room 8*. New York: Putnam, 1966.

Flinders, Matthew. *Trim: Being the True Story of a Brave Seafaring Cat*. Pymble, New South Wales: Angus and Robertson, 1997 (reprint of 1733 manuscript).

Myron, Vicki with Bret Witter. *Dewey: The Small-Town Library Cat Who Touched the World*. New York: Grand Central, 2008.

Paull, Mrs. H.H.B. *"Only a Cat" Or, The Autobiography of Tom Blackman, A favourite Cat which lived for seventeen years with members of the same family, dying at last of old age*. London: Elliot Stock, 1876.

貓的歷史與研究

Altman, Roberta. *The Quintessential Cat: A Comprehensive Guide to the Cat in History, Art, Literature, and Legend*. New York: Macmillan, 1994.

Beadle, Muriel. *The Cat: History, Biology, and Behavior*. New York: Simon and Schuster, 1977.

Choron, Sandra, Harry Choron, and Arden Moore. *Planet Cat: A Cat-alog*. Boston: Houghton Mifflin, 2007.

Clutton-Brock, Juliet. *Cats: Ancient and Modern*. Cambridge, Massachusetts: Harvard University Press, 1993.

Engel, Donald. *Classical Cats: The Rise and Fall of the Sacred Feline*. London: Routledge, 1999.

For Contributing to Human Happiness: Thirty True Stories about Cats who have Received the Puss'n Boots Bronze Award and Citation for Commendable Characteristics and Achievements. Garden City, NY: Country Life Press, 1953.

Kalda, Sam. *Of Cats and Men: Profiles of History's Great Cat-Loving Artists, Writers, Thinkers, and Statesmen*. New York: Ten Speed Press, 2017.

Lewis, Val. *Ships' Cats in War and Peace*. Shepperton, UK: Nauticalia Ltd., 2001.

Malek, Jaromir. *The Cat in Ancient Egypt*. Philadelphia: University of Pennsylvania Press, 1993.

Mery, Fernand. *The Life, History, and Magic of the Cat*, translated by Emma Street. New York: Grosset and Dunlap, 1975.

Morris, Desmond. *Catlore*. New York: Crown, 1987.

Rogers, Katherine M. *Cat*. London: Reaktion Books, 2006.

Sillar, Frederick Cameron and Ruth Mary Meyler. *Cats: Ancient and Modern*. London: Studio Vista, 1966.

Tabor, Roger. *Cats: The Rise of the Cat*. London: BCA, 1991.

Tucker, Abigail. *The Lion in the Living Room: How House Cats Tamed Us and Took Over the World*. New York: Simon and Schuster, 2016.

Van Vechten, Carl. *The Tiger in the House*. New York: Alfred A. Knopf, 1920.

Vocelle, L.A. *Revered and Reviled: A Complete History of the Domestic Cat*. San Bernardino, CA: Great Cat Publications, 2016.

神話、民間傳說和神祕學中的貓

Briggs, Katharine M. *Nine Lives: Cats in Folklore*. London: Routledge and Kegan Paul, 1980.

Conway, D.J. *The Mysterious, Magical Cat*. New York: Gramercy Books, 1998.

Dale-Green, Patricia. *Cult of the Cat*. New York: Weathervane, 1963.

Dunwich, Gerina. *Your Magical Cat: Feline Magic, Lore, and Worship*. New York: Citadel Press, 2000.

Gettings, Fred. *The Secret Lore of the Cat*. New York: Lyle Stuart Books, 1989.

Hausman, Gerald and Loretta Hausman. *The Mythology of Cats: Feline Legend and Lore Through the Ages*. Bokeelia, Florida: Irie Books, 2000.

Howey, M. Oldfield. *The Cat in Magic and Myth*. London: Bracken, 1993.

Jay, Roni. *Mystic Cats: A Celebration of Cat Magic and Feline Charm*. New York: Godsfield Press/ Harper Collins, 1995.

Moore, Joanna. *The Mysterious Cat: Feline Myth and Magic Through the Ages*. London: Piatkus, 1999.

O'Donnell, Elliott. *Animal ghosts; Or, Animal Hauntings and the Hereafter*. London: William Rider and Son, 1913.

Stephens, John Richard and Kim Smith (editors). *Mysterious Cat Stories*. New York: Galahad, 1993.

參考書目

動物通史

Grier, Katherine. *Pets in America*. Chapel Hill: University of North Carolina Press, 2006.

Henninger-Voss, Mary J. (editor). *Animals in Human Histories: The Mirror of Nature and Culture*. Rochester, New York: University of Rochester Press, 2002.

Kete, Kathleen. *The Beast in the Boudoir: Petkeeping in Nineteenth-Century Paris*. Berkeley: University of California Press, 1994.

Perkins, David. *Romanticism and Animal Rights*. Cambridge: Cambridge University Press, 2003.

Velten, Hannah. *Beastly London: A History of Animals in the City*. London: Reaktion Books, 2013.

Verity, Liz *Animals at Sea*. London: National Maritime Museum, 2004.

史料和經典貓咪文學

Champfleury, M. *The Cat, Past and Present, from the French of M. Champfleury, with Supplementary Notes by Mrs. Cashel Hoey*. London: G. Bell, 1885.

Drew, Elizabeth and Michael Joseph (editors). *Puss in Books: An Anthology of Classic Literature on Cats*. London: Geoffrey Bles, 1932.

Hoffman, E. T. A. *The Life and Opinions of the Tomcat Murr*, translated and annotated by Anthea Bell with an introduction by Jeremy Adler. London: Penguin, 1999.

Moncrif, Augustin Paradis de. *Moncrif's Cats: Les chats de Francois Augustin Paradis de Moncrif*, translated by Reginald Bretnor. London: Golden Cockerel, 1961.

Patteson, S. Louise, *Pussy Meow: The Autobiography of a Cat*. Philadelphia: Jacobs, 1901.

Repplier, Agnes. *The Fireside Sphinx*. Boston: Houghton Mifflin, 1901.

The Cat—Being a Record of the Endearments and Invectives Lavished by Many Writers upon an Animal Much Loved and Much Abhorred, collected, translated, and arranged by Agnes Repplier. New York: Sturgis and Walton, 1912.

Online Resources

hatchingcatnyc.com (nineteenth and early twentieth century animal stories from New York City)

milwaukeepressclub.org/about-us/story-of-anubis-the-cat/ (information on Anubis the Cat)

purr-n-fur.org.uk (focuses on well-known cats and feline history, with a particular emphasis on Britain)

喵皇正史

致謝

　　特別感謝杭廷頓圖書館（加州聖馬利諾）、加州大學洛杉磯分校圖書館暨特藏館、洛杉磯公共圖書館，紐約公共圖書館，加州托倫斯（Torrance）圖書館和歷史學會、丹佛公共圖書館、鮑爾斯博物館（Bowers Museum，加州聖塔安娜）、波士頓公共圖書館、南加大圖書館、國會圖書館、巴克盧藏館（Buccleuch Collection）、大英圖書館、加州州立圖書館、倫敦PDSA（伊爾福德），以及影藝學院瑪格麗特·赫里克圖書館（Margaret Herrick Library of the Academy of Motion Picture Arts and Sciences，加州比佛利山）為剪報和檔案材料提供協助。

圖片版權

除底下所列圖片，所有本書的照片及素材，皆來自虎斑貓芭芭與保羅·庫德納瑞斯（Paul Koudounaris）的收藏。

A　V and 145. USS *Nahant* crew with mascots (photo attributed to Edward H. Hart based on negative D4–20049), 1898. Detroit Publishing Company Photograph Collection, Library of Congress Prints and Photographs Division, Washington, DC.

B　VI and 184–185. "Rattown Tigers," Louis Prang and Company. The New York Public Library Digital Collections, 1865–1899. From the Miriam and Ira D. Wallach Division of Art, Prints and Photographs: Print Collection, The New York Public Library.

C　33. (right) *"Thèbes. Karnak. 1–5. Statues de granit noir trouvées dans l'enceinte du sud; 6. Vue du colosse placé à l'entrée de la salle hypostyle du palais,"* from Jomard, Edme-François, *Description de l'Égypte*, 1821–1828. Rare Book Division, The New York Public Library.

D　34–35. *"Thèbes. Karnak. 1–3. Vue et détails de l'un des sphinx placés à l'entrée principale du palais; 4. Détail de l'un des sphinx de l'allée du sud; 5. Petit torse en granit trouvé près de la porte du sud,"* from Jomard, Edme-François, *Description de l'Égypte*, 1821–1828. Rare Book Division, The New York Public Library.

E　66. *"Dgi-Guerdgi Albanois qui porte au Bezestein des foyes de mouton pour nourrir les chats,"* engraving by Gérard Scotin after Jean-Baptiste Vanmour, 1714. The Miriam and Ira D. Wallach Division of Art, Prints and Photographs: Art & Architecture Collection, The New York Public Library.

F **68**. "Surimono – woman with cat," Yashima Gakutei, 1820. The Miriam and Ira D. Wallach Division of Art, Prints and Photographs: Print Collection, The New York Public Library.

G **69**. "Cat and dried fish (*Katsuo-boshi*)," Hokuba Arisaka, 1814. The Miriam and Ira D. Wallach Division of Art, Prints and Photographs: Print Collection, The New York Public Library.

H **99**. "Portrait of Henry Wriothesley, 3rd Earl of Southampton, 1603," Jean de Critz. Broughton House, Northamptonshire, UK, The Buccleuch Collections/ Bridgeman Images.

I **106**. "*Le chat botté*," Charles Emile Jacque, 1841–1842. The Miriam and Ira D. Wallach Division of Art, Prints and Photographs: Print Collection, The New York Public Library.

J **182** (top). "Kitty" from the sheet "Kitty; Peachblow; Beryl; and Pet (Christmas cards depicting young girls with cats, birds, flowers, and hats)," Louis Prang and Company. The New York Public Library Digital Collections, 1865–1899. From The Miriam and Ira D. Wallach Division of Art, Prints and Photographs: Print Collection, The New York Public Library.

K **182** (bottom). "*Le rendes-vous des chats*," Édouard Manet, 1868. The Miriam and Ira D. Wallach Division of Art, Prints and Photographs: Print Collection, The New York Public Library.

L **184–185** (bottom). "At the Party," from the sheet "Prints entitled 'At the Party' and 'The Minstrels,'" Louis Prang and Company. The New York Public Library Digital Collections, 1865–1899. From the Miriam and Ira D. Wallach Division of Art, Prints and Photographs: Print Collection, The New York Public Library.

M **208**. Kiddo aboard airship, 1910. From the George Grantham Bain Collection, Library of Congress Prints and Photographs Division, Washington, DC.

N **238–239**. Billet of Company B, 316th Military Police, Ninety-first Division, Montigny de Roi, Haute Marne, France, 1918. War Dept. General Staff. Catalogue of Official A.E.F. Photographs, Library of Congress Prints and Photographs Division, Washington, DC.

O **240–241**. John B. Moisant with his cat Mademoiselle Fifi, 1911. Library of Congress Prints and Photographs Division, Washington, DC.

P **246–247**. Room 8 in classroom (Art Worden, photographer), 1964. Los Angeles Herald Examiner Photo Collection, Los Angeles Public Library.

喵皇正史

關於作者

虎斑貓芭芭（Baba the Cat）／主述，出演

芭芭是熱愛冒險和歷史的短毛虎斑家貓。儘管牠體重不到九磅（四公斤），卻雄心勃勃，凡是牠想要得到的，沒有任何貓或人能阻擋。牠生在洛杉磯的陋巷，在逆境中接受錘鍊，年紀輕輕就在這座都市的動物收容所實習，最後被本書的人類共同作者發現。牠在五年前開始模特兒生涯，此後即為全世界的網站和出版品增光添彩，甚至有幾張照片在畫廊展出，還被印成海報。

本書是牠的第一本著作，牠表示寫作很辛苦乏味，因此這也可能是牠的封筆之作。牠依舊住在南加州，有一隻姊妹貓，除了偷對方的食物之外，牠完全無視對方的存在。

保羅·庫德納瑞斯（Paul Koudounaris）／執筆

擁有加州大學洛杉磯分校藝術史博士學位。著有《死亡帝國》（*The Empire of Death*）、《聖體》（*Heavenly Bodies*）和《勿忘你終有一死》（*Memento Mori*），全都是探討死亡的視覺文化。他的攝影作品曾在國際畫廊和各國節慶中展覽。幾年前，他開始研究貓的歷史，發現這個課題不僅是對貓功勞成就的肯定，也很遺憾地發現了廣受忽視的研究領域。此後，他四處講授貓在歷史上的成就，也出現在電視和廣播節目中，進一步頌揚貓的美德，因而大受歡迎。

莊安祺／譯

台大外文系畢，印地安那大學英美文學碩士。

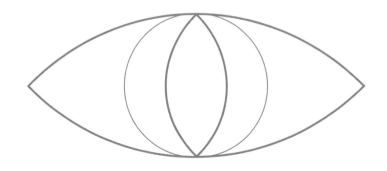